韩山师范学院学术专著出版基金资助

潮州风味菜

烹饪技艺类集

刘宗桂　陈泽勇　著

SPM 南方传媒　广东科技出版社　全国优秀出版社

· 广 州 ·

图书在版编目（CIP）数据

潮州风味菜：烹饪技艺类集/刘宗桂，陈泽勇著．—广州：广东科技出版社，2024.7
ISBN 978-7-5359-8235-3

Ⅰ．①潮…　Ⅱ．①刘…②陈…　Ⅲ．①粤菜—烹饪—方法—潮州　Ⅳ．①TS972.117

中国国家版本馆CIP数据核字（2024）第007139号

潮州风味菜：烹饪技艺类集
Chaozhou Fengweicai Pengren Jiyi Leiji

出 版 人：严奉强
责任编辑：于　焦
封面设计：柳国雄
责任校对：邵凌霞
责任印制：彭海波
出版发行：广东科技出版社
　　　　　（广州市环市东路水荫路11号　邮政编码：510075）
销售热线：020-37607413
https://www.gdstp.com.cn
E-mail：gdkjbw@nfcb.com.cn
经　　销：广东新华发行集团股份有限公司
印　　刷：广州市彩源印刷有限公司
　　　　　（广州市黄埔区百合三路8号）
规　　格：787 mm×1 092 mm　1/16　印张16.5　字数340千
版　　次：2024年7月第1版
　　　　　2024年7月第1次印刷
定　　价：188.00元

刘宗桂个人介绍

刘宗桂，广东省潮州市人，1965 年 9 月出生，中国烹饪大师，潮州菜八大名厨之一，广东省非物质文化遗产项目潮州菜烹饪技艺代表性传承人，韩山师范学院烹饪专业副教授，广东省潮州菜专业委员会常务副理事长，潮州市烹调协会副会长，潮州市餐饮协会名厨委员会主任，汕头市餐饮业协会潮菜名厨委员会技术指导专家，中式烹调师国家职业技能鉴定高级考评员（潮州菜），中式烹调师高级技师（潮州菜）。

热爱潮州菜烹饪事业，刻苦钻研，虚心学习，经多年从厨实践，熟练掌握潮州菜烹饪技艺，基本功扎实，尤其擅长烹制高档菜肴。

1981—1990 年，跟随潮州市瓷苑餐厅潮州菜老前辈学艺；

1991—1993 年，受聘于香港好世界大酒店，任潮州菜主厨；

1994—2006 年，先后担任丽晶大酒店行政总厨、浙江宁波大酒店行政总监；

2005 年至今，任职于韩山师范学院，担任烹饪专业副教授；

2020 年至今，受聘于岭南师范学院，担任客座教授；

1997 年，因对潮州菜作出了突出贡献，被《潮州日报》报道；

2000 年 2 月，参加潮州美食文化节，制作的"满园鲍菊""玉盏蟹黄燕"被评为"潮州名潮菜"；

2000 年 2 月，被评为"潮州名厨师"，为八大名厨之一；

2010 年 9 月，被授予"广东烹饪名师"称号；

2012 年 12 月，被评为广东省省级非物质文化遗产项目潮州菜烹饪技艺的代表性传承人；

2015 年 4 月，获广东烹饪协会潮州菜专业委员会颁发的"潮州菜教育贡献奖"；

2015 年 12 月，被授予"中国烹饪大师"称号；

2016 年 3 月，被授予"广东烹饪大师"称号；

2017 年 5 月，受聘为潮州市烹调协会第四届副会长；

2018 年 12 月，受聘为潮州市第一届潮州菜名师、名店、名菜"三名工程"评选活动暨"粤菜师傅"工程潮州菜烹调职业技能大赛评委；

2018 年 12 月，获"潮州菜荣誉大师"称号；

2018 年 12 月，作品"护国菜"荣获"潮州名菜"称号；

2019 年 4 月，被认定为"潮州市高层次人才"；

2019 年 12 月，获"2019 广东餐饮行业推动非遗事业优秀奖"；

2019 年 12 月，被评为"中国潮州菜事业功勋人物"；

2021 年 4 月，担任"粤菜师傅工程乡村振兴烹饪技能大赛"评委；

2021 年 6 月，获第 30 届中国厨师节"金厨奖"；

2022 年，受聘为潮州市餐饮协会名厨委员会主任；

2022 年 1 月，受聘为"潮州传统风味菜大比拼"烹饪赛项裁判；

2022 年 7 月，受聘为潮州市第二届潮州菜名师、名店、名菜"三名工程"评选活动暨潮州菜职业技能大赛评委；

2022 年 10 月，受聘为汕头市餐饮业协会潮菜名厨委员会技术指导专家；

2022 年 11 月，受聘为中国潮州菜烹饪技能大赛裁判员；

2022 年，担任第 31 届中国厨师节"中国潮州菜烹饪技能大赛"裁判；

2022 年 11 月，荣获"潮州菜烹饪大师"称号；

2023 年 5 月，荣任潮州市烹调协会第五届理事会副会长；

2023 年 12 月，荣任汕头市潮人潮菜研究院副院长；

2023 年 12 月，担任潮味天下（汕头）供应链管理有限公司品牌形象大使。

刘宗桂指导制作的代表性菜品

鲍汁干鲍

鲍汁辽参

碧绿金钩翅

财源滚滚大盆菜

潮味鹅掌扣花胶

陈皮燕窝

佛跳墙

清炖花胶翅

个人图记

参加"世界美食之都"
评选活动

参加潮智汇·潮州文化
沙龙活动

接待杨振宁先生

刘氏师门合影

李德元（左一）赠字

受聘担任潮州市合
虎四季食品有限公
司出品总监

受聘为潮味天下（汕头）供
应链管理有限公司品牌形象
大使

受聘担任广东派陶
科技有限公司技术
顾问

在广东派陶科技有限公司进行现场指导

注：为生产出更适合接待法国总统马克龙2023年4月访华期间使用的餐具器型，刘宗桂亲赴广东派陶科技有限公司现场指导该公司承接的"元首专用餐具"这一重要项目，为元首餐具的创作注入新的文化内涵。

在天龙技校授课

在韩山师范学院授课

受聘担任广东金强艺陶瓷实业有限公司技术顾问

参与志愿者活动并接受电视台采访

荣誉奖项

"太极护国菜"获"潮菜经典名菜"称号

"满园鲍菊"获"潮州名潮菜"称号

"玉盏蟹黄燕"获"潮州名潮菜"称号

担任"三名工程"评委

获"潮州名厨师"称号

获"2019广东餐饮行业推动非遗事业优秀奖"

获2020年度金厨奖

获2023年度技艺匠心奖

获"潮州菜荣誉大师"称号

获"广东烹饪大师"称号

获"潮州菜烹饪大师"称号

被认定为"中国烹饪大师"

入选湘桥区区级乡村人才库

受聘担任中国潮州菜烹饪技能大赛裁判员

获"广东省省级非物质文化遗产项目潮州菜烹饪技艺的代表性传承人"命名

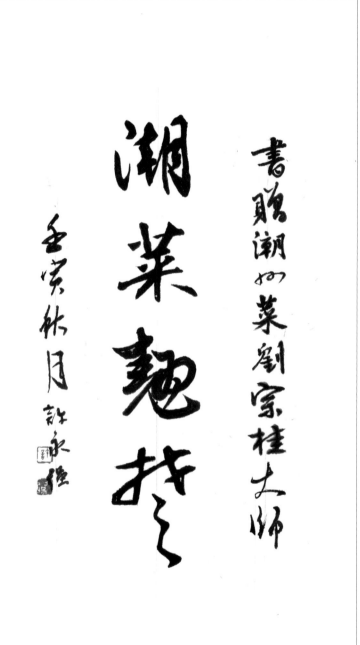

书赠潮州菜刘宗桂大师

潮菜魁挺￼

壬寅秋月 许永强

许永强赠字

李德元赠字

广东烹饪协会原会长余立富赠字

学生邹潮平赠字

陈小雄赠画

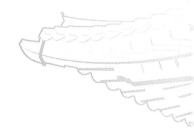

序一

昨天接到刘宗桂老师的邀请，为他的新作《潮州风味菜　烹饪技艺类集》作序。我既高兴又忐忑，高兴的是刘老师又有新的突破，潮菜学院又要新添一抹色彩；忐忑的是我那少得可怜的文学细胞能否胜任？委婉推脱不成，就只能斗胆下笔。

韩师（韩山师范学院）烹饪专业成立于 2002 年，最初隶属化生系，后划入生物系。我第一次见到刘宗桂老师是在 2005 年秋天的潮州市美食城，当时我作为生物系分管领导带队检查美食城烹饪专业学生的实习工作，接待我们的是一位"油光满面"、霸气十足的行政总厨，那时刘大厨给我的印象便是雷厉风行、敢为人先。

2007 年 4 月，烹饪专业从生物系分出，与政法学院的旅游管理专业合并，成立为旅游管理系。调整后烹饪专业本来已经与我无关了，我也不用再因为学生实习联系刘大厨了，谁知"命运捉弄人"，旅游管理系成立不到半年，因工作调动，2007 年秋季开学不久，我又被安排至该系工作。到旅游管理系履职之际，我查阅了现任教职工名册，意外发现刘大厨已经变成我的同事了，他是成立旅游管理系时作为技能型人才引进的专任教师。

十五年来，旅游管理系的"番号"几经变更，从旅游管理系、地理与旅游管理系、旅游管理与烹饪学院、烹饪与酒店管理学院、地理科学与旅游学院·潮菜学院，到如今改为地理科学与旅游学院和潮菜学院两院合署。无论单位名称如何变化，刘宗桂老师一直当我是他的老领导、老同事，更是老朋友，我也很荣幸见证了刘老师的成长和进步。

刘老师刚加入旅游管理系烹饪团队的时候，能算得上的头衔大概只有两个：一个是人力资源和社会保障部认定的"烹饪高级技师"，另一个是潮州市政府评定的"潮州名厨师"（八大名厨之一）。随着韩师烹饪专业不断发展壮大，刘老师也是一路高歌，闪闪发光，从韩山师范学院烹饪专业专任教师（副教授待遇），到成为广东省省级非物质文化遗产项目潮州菜烹饪技艺代表性传承人、"金厨奖"获得者、中国烹饪大师、潮州菜荣誉大师、岭南师范学院客座教授等，刘老师的身份越来越多，知名度也越来越高，不再只是当初"五味俱全"的烹饪大厨，而是成长为能讲、能操、能书，偶尔还能讲讲故事的大学教授。

潮州菜是中华料理的瑰宝，早已享誉海内外。近年来，当地政府致力于潮州菜的文化传承与保护，相继出台了一系列政策措施，组织潮州菜师傅"走出去"，对外展示潮州菜烹饪技艺，交流传播潮州菜文化。作为一名有着40多年从厨经历的烹饪人，刘老师更是乘势而上，带着韩师潮菜学院的学生，以国家级非遗项目——潮州菜烹饪技艺为抓手，对自己多年积累的潮州菜资料进行认真梳理，立项研究。

潮州菜常用的烹饪技法有15种，包括炊，煲，炒，烙，炸，焗，煮，炖，炆，冻，油泡，糖制，腌、卤，熏、烤，氽、醉，此外还有荷包、酿、卷、包、挤5种烹饪手法，刘老师对照上述烹饪技艺，每一项均精心挑选出10道具有代表性的经典潮州菜菜肴进行详细介绍，并集合成册，取名为《潮州风味菜 烹饪技艺类集》。

全书共集有200个菜谱，以潮州菜烹饪技艺为章节，内容丰富，图文并茂，具有较强的系统性、科学性和应用性，书中分享的全是满满的干货。

该书可作为以潮州菜为教学特色的高等院校、中职学校、培训机构等烹饪专业的教材使用，也可作为其他菜系烹饪院校的教学参考书，同时也适合热爱潮州菜的广大朋友们阅读。

陈蔚辉　教授

韩山师范学院原旅游管理与烹饪学院 院长

2022 年 12 月

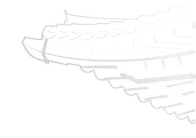

序二

　　关于群体的共同认识，可以类比为潮州人所熟知的粿印，我们可将其分为两部分：主观性较强的部分即为文化，如同粿印的印迹；而客观性较强的部分则称为科学，类似印体本身。饮食是一种文化，烹饪则是一门科学。

　　潮州人是一个比较有特色的群体，其地方文化很有吸引力，这与其悠久的历史文化积淀有很大的关系。潮州是一座有着1 600多年建城史的"国家历史文化名城"，中原文化、古越文化及海外文化在此交融，形成了今天独特的潮州文化。2020年10月，习近平总书记在潮州考察时指出，潮州文化具有鲜明的地域特色，是岭南文化的重要组成部分，是中华文化的重要支脉。以潮绣、潮瓷、潮雕、潮塑、潮剧和工夫茶、潮州菜等为代表的潮州非物质文化遗产，是中华文化的瑰宝。习近平总书记的讲话高度概括了潮州文化的特点，为我们了解和研究潮州文化提供了很好的视角。要了解潮州文化，我觉得最快乐的方式就是试试潮州菜，喝喝工夫茶，听听潮剧，看看手拉壶，慢悠悠地体验潮州文化的精髓。

　　潮州文化中，饮食文化是最吸引人的部分。潮州菜始于汉唐，形成于宋，兴于明，盛于清，近现代更是驰名海内外，以烹饪海鲜、佐料讲究、食不厌精、清淡素雅见长。潮州美食品种繁多，据不完全统计，有500多道菜肴、300多种小吃、近100种酱碟调料。2021年，潮州菜烹饪技艺成功入选第五批国家级非物质文化遗产代表性项目名录。2022年，中国传统制茶技艺及其相关习俗被列入联合国教育、科学、文化组织《人类非物质文化遗产代表作名录》，潮州工夫茶艺是其中的重要组成部分。潮州17项国家级非遗项目中与美食相关的达到5项，拥有美食类省、市级非遗项目70个，认定美食非遗传承人100多位，制定了232项美食团体标准，并进行了立法保护。

近厨得食。作为一位"好食"之人，我身边有很多厨界的朋友。他们精于工、匠于心、品于行、创于新，是中餐能够日益繁荣并不断发展的最坚实的力量。刘宗桂老师就是这样的一位师友，他出生于厨师世家，家学渊源，耳濡目染，少小便努力学厨，终成一代大师。他不但是中国烹饪大师、潮州菜八大名厨之一，广东省非物质文化遗产潮州菜技艺代表性传承人，更是韩山师范学院潮菜学院的副教授，是中国烹饪高等教育的双师型人才。

刘宗桂老师的《潮州风味菜 烹饪技艺类集》一书，有别于以往烹饪大师出版的书籍，简要概括就是"以技传道，以食育人"。这是刘老师多年积淀、厚积薄发的一本力作，具体来说，书中对潮州菜制作过程中的炊，煲，炒，烙，炸，焗，煮，炖，炆，冻，油泡，糖制，腌、卤，熏、烤，余、醉15种烹饪技法，以及荷包、酿、卷、包、挤5种烹饪手法进行梳理，配合历代潮州菜名厨的经典菜肴制作过程从而介绍烹饪技法的具体运用，达到以技传道之目的；以菜肴的制作过程，渗透食物营养教育（简称食育）知识，达到以食育人之宗旨。

美食如"潮"，四海共享，请随刘宗桂老师的《潮州风味菜 烹饪技艺类集》一书，领略潮州美食的独特魅力。

黄俊生

韩山师范学院潮菜学院　副院长

2023 年 6 月于才林楼

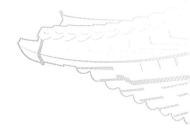

序三

潮州，位于广东省东南沿海，东与福建省漳州市交界，西与揭阳市接壤，北连梅州市，南临南海并毗邻汕头市，气候宜人，物产丰富，是国家历史文化名城。独特的地理环境及历史文化，孕育出潮州菜，并不断革新发展、源远流长。

潮州菜是粤菜三大流派之一，自唐代至今传衍不衰，是由多方文化融合而成，历经千余年的传衍和发展，以独特风味而自成一体的菜系。潮州菜在漫长的历史发展中形成了就地取材、传承创新、烹饪海鲜、素菜荤做、卤水香浓、酱碟繁多、小食精致、养生食疗、品工夫茶等显著特征。

潮州菜的用料特点是新鲜，借重海鲜，食材大多数取自本地。菜品有水产品种、素菜品种、甜菜品种等，素来因崇尚清鲜而深受大众喜爱。其烹饪技艺精细，有炒、炆、炖、炊、炸、油泡、焗、荷包、酿、卷、挤等20种方法；特征鲜明，有卤水、一菜一味碟……除技艺特征外，潮州菜还蕴含着丰富的地方文化元素，最具代表性的则是工夫茶，还旁及中医学、养生学等多学科知识；它又根据地方人文习俗所触及的婚丧喜庆等各种宴席而设置不同的菜肴，使之内容与形式相统一。

近年来，在中国众多菜系中，潮州菜脱颖而出，独领风骚，走俏祖国大江南北，甚至还走到东南亚、欧美等地区，成为名甲天下、誉满全球的菜肴，深受海内外人士好评。

潮州菜味美品优，魅力十足，这源于潮州人的开放意识，他们对各种烹饪技艺兼收并蓄，为己所用……但最根本的，是千百年来始终有一些"不离不弃、前赴后继"的潮州菜传承人。正是他们的代代传承，潮州菜才得以历经千年不衰反盛；正是他们的聪明才智，才得以将原始的食材加工成一流的潮州美馔；正是他们的好学求进，才得以博采众长，使潮州菜的烹饪技术不断升华；也正是他们的开拓精神，才得以将潮州菜推广到全中国乃至全世界。

现在，潮州菜烹饪技艺被确立为国家级非物质文化遗产保护项目，作为广东省非物质文化遗产项目潮州菜烹饪技艺代表性传承人，有着"潮州菜翘楚"之称的刘宗桂大师，将自己几十年从事潮州菜烹饪的实践工作、教学经验和研究心得编著成《潮州风味菜　烹饪技艺类集》一书。本书的出版，凝聚着刘宗桂大师几十年的心血，也为潮州菜保护和传承、弘扬和发展、作出了新的贡献。

让我们共同弘扬、保护和传承潮州菜，使潮州菜烹饪技艺更上一层楼。

肖佳哲

中国烹饪大师

潮州菜研究发展中心主任

2023 年 6 月 11 日

前　言

　　潮州历史悠久，是中国历史文化名城之一。远古时代，土著畲族先民便创造了口头文学——畲歌仔。秦始皇三十三年（公元前214年）平定南越，潮州地属南海郡，始载入版图。潮州菜源远流长，在漫长的历史长河中，这一菜系的形成、发展和今天的辉煌与中国的社会环境、政治生态、经济建设紧密相连，与潮汕地区的地理环境、民风民俗、民生经济更是息息相关。潮汕地区位于韩江下游，东临南海，海产资源极其丰富，地处亚热带，气候温和，雨量充沛，土地肥沃，农产品种类繁多，这为潮州菜提供了丰富的选料基础。潮汕地区有丰富多彩的民间习俗，如"拜老爷""出花园"等，每逢喜事、丧事都有做桌、食桌等宴请宾客的社交活动，丰富的社交活动催生了菜肴种类和烹饪技法的发展和创新。历史上因战乱等原因从中原、福建等地迁入潮州的民众，带来了他们的文化习俗和饮食习惯，潮州菜在餐饮文化和烹饪技法的交流与碰撞中取长补短，得到不断丰富、完善和提高，逐渐形成潮州菜的基本特点，显现出了独特的风味和浓郁的地方特色。随着改革开放和经济发展，人民的生活水平不断提高，商务往来和民生活动如火如荼，各类潮州菜菜馆、海鲜大排档、海鲜酒楼、潮州菜酒楼应运而生，促进了潮州菜向高层次、高端化发展；旅居东南亚等海内外地区的广大潮汕华侨，在他们的商务和社交生活中促进了潮州菜酒楼在世界各地的发展，奠定了"潮州菜"品牌在国际上的地位。潮州菜的菜品种类繁多，这一菜系的主要特点可以归纳为：用料广博而讲究，尤以烹制海鲜见长；口味鲜明，突出清鲜，原汁原味；配料巧妙，调味独特；菜肴品种丰富，配搭严谨，上菜有序。

　　潮州菜作为粤菜的一个分支，能在中华大地众多菜系中脱颖而出、独树一帜，原因是多方面的。精湛、考究、善用的烹饪技法是成就这一菜系的重要因素，它是无数潮州菜师傅潜心钻研、精益求精、独具匠心的创作成果和经验积累。食材与烹饪技法碰撞出来的绚丽火花，是潮州菜师傅对菜肴色、香、味、美、健孜孜不倦地追求。

本人出生于餐饮世家，自小对潮州菜烹饪耳濡目染，备受熏陶，受教于多位潮州菜名师及前辈，潜心学习潮州菜烹饪技术，从厨43年来，勤于学习、不断钻研，厨艺日益提高，先后担任香港好世界大酒店、丽晶大酒店、浙江宁波大酒店、潮州宾馆行政总厨，积累了丰富的烹饪经验。本书集历代潮州菜名厨、名菜的精髓，着重介绍200道潮州菜菜肴，结合本人的从业经验，对潮州菜制作过程中的炊，煲，炒，烙，炸，焗，煮，炖，炊，冻，油泡，糖制，腌、卤，熏、烤，氽、醉15种烹饪技法，荷包、酿、卷、包、挤5种烹饪手法进行梳理和讲解，配合特定菜肴的制作过程介绍与烹饪技法的具体运用，内容丰富、图文并茂、通俗易懂，对潮州菜烹饪的初学者和爱好者有一定的指导作用，也衷心希望能与潮州菜烹饪从业者、广大潮州菜师傅进行经验交流。希望本书的出版发行，能对潮州菜烹饪工艺的普及和推广起到积极的作用，为潮州菜的传承和发扬贡献一点力量。

著　者

2024年5月

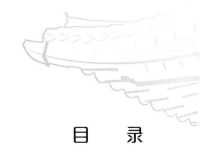

目 录

第一章　炊

炊，也称为蒸，是一种以水蒸气为介质，将食物原料经过初加工处理后放于炊笼中，利用水蒸气的温度将食物原料加热制熟的烹饪技法。

早在宋代宋徽宗政和年间之前，潮州菜一直都将此烹饪方法称为"蒸"，后来之所以叫"炊"而不叫"蒸"，是因为宋徽宗登基以后，为避讳其年号"政和"中的"政"，全国便将"蒸"改为"炊"。后来宋徽宗驾崩以后，其他地区的菜系纷纷将"炊"改回"蒸"，而潮州地区较偏远，加上交通不便与外界联系受阻，不知此情况，便把"炊"这一叫法一直沿用至今，这同时也体现出潮州菜历史源远的特点。

潮州菜讲究原汁原味、清淡味鲜，炊能最大程度地保留菜肴的原味。潮州地区位于我国东南角，属于沿海城市，因此也盛产海鲜，这造就了潮州菜中"海鲜多"的特点，而"生炊海鲜"能最大程度地保留海鲜的本味，因此"炊"也是潮州菜海鲜中较为常见的做法。并且炊能最大程度地保留菜肴的营养成分，研究证明，在所有的烹饪方法中，炊制的营养保留度最高。

在炊制菜肴中，要注意以下要点：

1. 炊制菜肴的火候要够大，水量要多，水蒸气才足够猛，不仅能缩短制作菜肴的时间，同时更有利于提高菜肴的成品质量；

2. 炊制过程不可中途加水，这会降低水蒸气的温度，从而影响菜肴的成品质量。

老式生炆龙虾

主　　料｜龙虾1条（约800克）

辅　　料｜百合200克、红辣椒10克、芹菜茎15克、姜20克、葱20克

调　　料｜精盐4克、味精2克、胡椒粉0.5克、香麻油2克、生粉水10克

制作流程◎切制配料→宰杀龙虾→摆盘→炆制→调芡→淋芡→成菜

制 作 步 骤

❶ 将芹菜茎、红辣椒洗净后均切成末，姜去皮洗净切成片，葱洗净切成段，百合取瓣浸泡冷水片刻后沥干水分待用；

❷ 宰杀龙虾，将龙虾脚切下并轻拍至裂，龙虾头切成2瓣并去净虾鳃，龙虾肉切成块状，将龙虾尾张开，均放入冰水中浸泡待用；

❸ 盘中铺上一层百合瓣，再摆放上龙虾肉、

龙虾脚与龙虾头尾，使其呈现龙虾造型，放上姜片和葱段，撒上适量精盐、味精；

❹ 炊笼加入清水，水开后放入龙虾炊至熟透后取出，挑去姜片和葱段；

❺ 原汤倒回鼎中，下入芹菜末、红辣椒末，煮开调入适量精盐、味精、胡椒粉、香麻油，并调校味道，加入生粉水勾芡；

❻ 将芡汁淋于龙虾上即成。

菜 肴 知 识

1. 龙虾炊制时间需根据炊笼火力大小，以及龙虾大小而定；

2. 龙虾宰杀后其肉遇空气较容易氧化变黑，在宰杀过程中需及时浸泡冰水防止氧化。

菜肴特点｜鲜嫩爽滑，突出海鲜原汁原味

菜肴特点│层次丰富，鲜嫩爽滑

炊麒麟鱼

主　料│桂花鱼750克

辅　料│白膘肉50克、火腿肉30克、湿香菇40克、姜30克、菜心150克、竹笋肉150克、葱10克、鸡蛋清15克

调　料│精盐2克、鱼露8克、味精2克、胡椒粉1克、香麻油3克、生粉水10克、绍酒10克、上汤100克、花生油10克

制作流程◎宰杀桂花鱼→切制配料→摆盘→炊制→调芡→淋芡→成菜

制 作 步 骤

❶ 宰杀桂花鱼，去除鱼鳞、鱼鳃并洗净，从鱼尾处贴着脊骨划开，再从鱼肚处切开，取出整片鱼肉，另一面使用同样方法取出鱼肉，鱼头从中骨处轻切（不要切断），连同鱼尾洗净待用；

❷ 将火腿肉、白膘肉、竹笋肉均先切成大小均匀的长方形小块，再切成薄片，菜心洗净沥干水分待用；

❸ 烧鼎润油，下入湿香菇用文火爆香后捞起，再切成薄片，姜洗净取2/3切成姜片，另取剩余的姜和葱一并拍烂放入碗中，下入绍酒并挤出姜葱汁待用；

❹ 鱼肉先切成长5厘米的段，再横向片成大小均匀的长方形肉片，盛入碗中，调入适量精盐、味精、胡椒粉、香麻油、姜葱

汁、鸡蛋清拌匀腌制3分钟待用；

❺ 取1个鱼盘，盘子底部抹上花生油，摆入鱼头、鱼尾，放入炊笼中炊制5分钟取出；

❻ 将鱼肉、火腿肉、白膘肉、湿香菇各1片相继叠好摆入鱼盘中，再放入炊笼炊5分钟至熟；

❼ 烧鼎下入清水、少量花生油、精盐，水开下入菜心焯水至熟捞出待用；

❽ 将摆放整齐的麒麟鱼放进炊笼炊制7分钟，炊至熟透后取出倒出上汤，并有序地摆入菜心。

❾ 锅中下入上汤和原汤煮开，调入适量味精、鱼露、香麻油，并调校味道，加入生粉水勾芡后淋于鱼肉上即成。

菜 肴 知 识

1. 盘子底部抹油防止黏粘；

2. 火腿肉、白膘肉熟度与其他食材不同，需先焯水至五成熟左右；

3. 因为鱼肉加热后会收缩，生坯的长度可比其他食材稍长一些。

古法炊鱼

主　　料｜乌鱼1条（约750克）

辅　　料｜白膘肉20克、湿香菇20克、潮州咸菜心15克、红辣椒10克、葱20克、豆酱姜15克

调　　料｜味精2克、生抽20克、豆豉15克、胡椒粉1克、香麻油3克、特级生粉10克、生粉水10克、花生油15克

制作流程◎宰杀乌鱼→切制配料→腌制→摆盘→炊制→调芡→淋芡→成菜

制 作 步 骤

❶ 宰杀乌鱼并刮净鱼鳞，去除鱼鳃、内脏，在鱼身上剞刀（以便入味），清洗干净后吸干表面多余的水分待用；

❷ 将白膘肉、湿香菇、潮州咸菜心、红辣椒、豆酱姜均切成丝，葱洗净切成段，均盛入碗中并调入适量生抽、豆豉、味精、胡椒粉、香麻油、花生油、特级生粉抓拌均匀腌制5分钟待用；

❸ 取1个鱼盘放上乌鱼，将腌制好的配料铺在乌鱼身上，放入炊笼中猛火炊制10 ～ 12分钟（时长视鱼的大小调整）至熟取出；

❹ 烧鼎润油，倒入炊鱼原汤，煮开调校味道，加入生粉水勾成薄芡，再加入包尾油（花生油，本书中未作特殊说明的均为花生油），淋于鱼身上即成。

菜 肴 知 识

1. 要注意控制好炊鱼的时间和火候，过熟会导致鱼的肉质变老且失去鲜味，但同时要保证其熟透；
2. 使用猛火炊制能更好地锁住鱼本身的营养物质及鲜味。

菜肴特点｜鱼鲜肉嫩，配料丰富

菜肴特点 | 鲜美嫩滑，咸鲜美味

豆腐炆咸鲑

主　　料｜咸鲑（咸鱿鱼仔）100克、水豆腐300克、五花肉末200克
辅　　料｜油菜心200克、葱10克、胡萝卜20克、鸡蛋清15克
调　　料｜鱼露5克、味精2克、胡椒粉2克、香麻油5克、特级生粉20克、生粉水10克、上汤150克、花生油15克

制作流程◎切制原料→调制馅料→酿制豆腐→装盘→炆制→调芡→淋芡→成菜

制 作 步 骤

❶ 刮去咸鲑表面的膜和多余的盐花，先切成丝后剁成末盛入碗中，加入五花肉末、鸡蛋清，并调入适量味精、胡椒粉、特级生粉，搅拌成均匀的馅料待用；

❷ 油菜心择洗干净，胡萝卜去皮洗净切成笋花状，葱洗净切成葱花待用；

❸ 水豆腐切成约3厘米×5厘米的块状，用汤匙在中间挖出1个洞，摆入盘中撒上特级生粉，并酿上馅料待用；

❹ 将摆好的豆腐放入炆笼中猛火炆制8分钟至熟，取出后倒出原汤待用；

❺ 烧鼎下水，水开加入油菜心、胡萝卜，焯水至熟并围在豆腐旁；

❻ 烧鼎倒入原汤，调入适量上汤、鱼露、香麻油、胡椒粉，并调校味道，加入生粉水勾芡，再加入包尾油，淋于菜肴上，撒上葱花即成。

菜 肴 知 识

1. 注意咸鲑很咸，制作时不宜再次加盐，清理咸鲑时最好不要清洗，保持鲑味，但要把盐分去除干净；

2. 可加入少量白糖中和咸味。

第一章　炆

炊水蛋薄壳米

主　　料 | 鸡蛋（书中未作特殊说明的均为生鸡蛋）5个、薄壳米150克
辅　　料 | 葱20克
调　　料 | 精盐2克、鱼露5克、味精2克、胡椒粉1克、鸡汁5克、香麻油2克、鲜奶
　　　　　　50克、上汤300克、生粉水20克、花生油20克

制作流程◎ 调制水蛋浆→切制原料→炊制水蛋→炆制薄壳米羹→淋羹→成菜

制 作 步 骤

❶ 葱洗净切成葱花，薄壳米洗净沥干水分
待用；

❷ 碗中打入鸡蛋，加入上汤、鲜奶（鸡
蛋：上汤：鲜奶＝2：2：1），调入适量
精盐、鸡汁、生粉水，用筷子（或打蛋器）
搅拌均匀，过滤后倒入深圆盘中，并封上
保鲜膜炊制15分钟至熟；

❸ 烧鼎下入上汤，调入适量鱼露、味精、
胡椒粉、香麻油，并调校味道；

❹ 加入薄壳米煮开后加入生粉水勾芡，再
加入包尾油调成薄壳米羹；

❺ 将调好的薄壳米羹淋于水蛋上，撒上葱
花即成。

菜 肴 知 识

1. 水蛋炊制时间要根据蛋液量和火候调控，不可炊制过火；
2. 在炊水蛋时注意包上保鲜膜，防止炊的过程进水；
3. 注意薄壳米需清洗干净，以免有壳或沙子。

菜肴特点 | *鲜美嫩滑，咸鲜美味*

菜肴特点 | 咸香鲜嫩，蒜香突出

蒜蓉开边虾

主　　料 | 大对虾500克

辅　　料 | 蒜头肉150克、粉丝200克、红辣椒10克、芹菜茎20克

调　　料 | 精盐4克、味精2克、胡椒粉1克、香麻油2克、生粉水10克、上汤100克、花生油20克

制作流程 ◎ 对虾开边→切制配料→制作蒜蓉→装盘→淋蒜蓉→炊制→调芡→淋芡→成菜

制作步骤

❶ 将大对虾横向片开，去掉虾囊、虾肠，清洗干净泡水待用；

❷ 粉丝用温水浸泡10分钟至软，捞出沥干水分待用；

❸ 将蒜头肉切去头尾剁成蒜蓉，红辣椒、芹菜茎均洗净切成末待用；

❹ 烧鼎下油（花生油，本书中未作特殊说明的均为花生油），将蒜蓉倒入鼎里略炸出香味，炸至蒜蓉呈金黄色，盛入碗中，调入适量精盐、味精，加入红辣椒末，搅拌均匀待用；

❺ 粉丝调入适量精盐、味精、胡椒粉拌匀，铺入盘中，并将对虾整齐摆在粉丝上面，淋上炸好的蒜蓉，放入炊笼炊制5分钟至熟取出；

❻ 烧鼎倒入原虾汤，再加入少量上汤，调入适量胡椒粉、香麻油，并调校味道，加入生粉水勾芡，再加入包尾油；

❼ 将汤汁淋于蒜蓉虾上面，撒上芹菜末即成。

菜肴知识

1. 蒜蓉炒完关火还有余温加热，因此制作蒜蓉时不可一次性炸至颜色到位；

2. 鲜虾切开后若未及时腌制，需浸泡清水防止其氧化发黑。

荷香珍珠鸡

主　　料｜鸡胸肉250克、对虾200克

辅　　料｜火腿肉15克、荸荠肉20克、糯米200克、白膘肉20克、鸡蛋清35克、鲜荷叶（或干荷叶）2张

调　　料｜精盐4克、味精2克、胡椒粉1克、香麻油2克、生粉水10克、上汤150克、花生油30克

制作流程◎浸泡糯米→切制配料→制作虾胶→制作鸡蓉→制作馅料→装盘→炊制→调芡→淋芡→成菜

制作步骤

❶ 将糯米洗净用清水浸泡2小时后捞出沥干，鲜荷叶用温水洗净（或干荷叶用热水浸泡软），再用清水漂洗干净后用剪刀将荷叶剪成直径约25毫米的圆形放于盘中，并修整形状待用；

❷ 烧鼎下油，油温120℃下入火腿肉炸香后切成末，荸荠肉切成末并挤干水分，白膘肉切成末待用；

❸ 将对虾去除头壳，取虾肉并在背部用刀片开去除虾肠，将清洗干净后吸干水分的虾肉放于砧板上用刀拍扁后剁成虾蓉，盛入碗中，调入适量精盐、味精、鸡蛋清，用筷子搅拌均匀再用手捶打至起胶待用；

❹ 将鸡胸肉剁成蓉并盛入碗中，加入虾胶、火腿肉末、白膘肉末，调入适量精盐、味精、胡椒粉、香麻油，搅拌均匀并用力捶打片刻，加入荸荠末，搅拌均匀制成馅料待用；

❺ 使用虎口将馅料挤成每个约20克的均等丸子，逐粒粘上糯米，摆入铺上荷叶的盘中，再盖上一片荷叶，放入炊笼中炊20分钟至熟取出，同时将盖在上面的荷叶去掉；

❻ 烧鼎下入上汤，调入适量精盐、味精、胡椒粉、香麻油，并调校味道，再加入生粉水勾芡，加入包尾油成玻璃芡，淋于珍珠球上即成。

菜肴知识

1. 糯米需泡制足够时间，且一定要控干水分，否则会导致成品夹生；

2. 荸荠起增加口感的作用；

3. 鸡肉口感较为绵柴，加入白膘肉可以起到增滑的作用。

菜肴特点｜外糯内实，口感丰富，荷香味清醇

炊绣球排骨

主　　料｜排骨400克

辅　　料｜糯米200克、鲜荷叶（或干荷叶）1张、鸡蛋1个

调　　料｜精盐4克、味精2克、香麻油2克、五香粉3克、腐乳汁10克、胡椒粉1克、
　　　　　特级生粉10克、生粉水10克、上汤150克、花生油20克

制作流程◎砍制排骨→腌制排骨→装盘→炊制→调芡→淋芡→成菜

菜肴特点｜内香外糯，荷香味突出

制作步骤

❶ 将排骨砍成长约3厘米的小段，放于水龙头下冲洗净血水，鲜荷叶用温水浸泡并清洗干净（或干荷叶用热水浸泡软）待用；

❷ 将排骨盛入碗中，调入适量味精、香麻油、五香粉、鸡蛋、腐乳汁、胡椒粉、特级生粉，搅拌均匀腌制10分钟待用；

❸ 糯米洗净后浸泡2小时，取1个笼仔，铺上洗净的荷叶待用；

❹ 将糯米挤干水分，排骨逐块均匀地裹上糯米，依次放于荷叶上；

❺ 水开炊制20分钟至熟取出；

❻ 烧鼎下入上汤，调入适量精盐、味精、胡椒粉、香麻油，并调校味道，下入生粉水勾芡，再加入包尾油调成玻璃芡，淋于绣球排骨上即成。

菜肴知识

1. 糯米需泡制足够时间，且一定要控干水分，否则会导致成品夹生；

2. 注意排骨裹糯米时要均匀、紧密；

3. 排骨一定要冲水至发白无血渍，否则会导致成品发黑、带血腥味。

炊米麸肉

主　　料｜五花肉400克、糙米100克

辅　　料｜鲜荷叶（或干荷叶）2张、八角3克、桂皮5克、香叶3克、丁香3克

调　　料｜白糖5克、味精2克、香麻油2克、绍酒10克、腐乳汁8克、豆酱6克、陈醋10克

制作流程◎腌制五花肉→炒制糙米→研磨米麸→裹米麸→包制→装盘→炊制→成菜

制 作 步 骤

❶ 将五花肉切成均等的12块，鲜荷叶用温水洗净（或干荷叶用热水浸泡软），再用清水漂洗干净，并剪成小块待用；

❷ 五花肉盛入碗中，调入适量味精、香麻油、白糖、绍酒、腐乳汁、豆酱，抓拌均匀腌制30分钟待用；

❸ 烧鼎下入糙米、八角、桂皮、香叶、丁

香，炒香后研磨制成米麸碎；

❹ 将荷叶铺于砧板上，把腌制好的五花肉逐块裹上米麸碎，逐块放于荷叶上面，包裹成方形，放入盘中并放于炊笼中，猛火炊制1.5小时至软烂；

❺ 配以陈醋1碟即成。

菜 肴 知 识

注意制作菜肴的糙米要选用新米，米香味足。

菜肴特点｜软糯爽口，荷香米香兼出

菜肴特点 | 素菜荤做，浓香有肉味，突出潮州菜素菜特色

八宝素菜

主　　料 | 潮州本地白菜400克、鲜莲子80克、干草菇15克、发菜10克、栗子100克、冬笋尖100克、腐竹50克、面筋50克

辅　　料 | 五花肉150克

调　　料 | 腐乳汁15克、精盐3克、胡椒粉1克、味精2克、香麻油3克、生粉水10克、上汤200克、猪油50克、花生油1 000克（耗50克）

制作流程◎切制原料→拉油→炆制→炊制→装盘→调芡→淋芡→成菜

制 作 步 骤

❶ 将潮州本地白菜洗净竖切成8瓣再切成段状，冬笋尖切成小菱形角，鲜莲子去心，栗子烫开水后去膜，干草菇、发菜、面筋、腐竹分别用冷水泡发待用；

❷ 将五花肉去皮，切成厚片待用；

❸ 烧鼎下油，油温120℃，分别加入白菜、栗子、冬笋尖、腐竹、面筋、发菜、干草菇、鲜莲子拉油捞出并沥干油分；

❹ 烧鼎润猪油，下入五花肉炒香，再加入白菜、鲜莲子、干草菇、发菜、栗子、冬笋尖、腐竹、面筋、上汤，调入适量腐乳汁、精盐、味精、胡椒粉、香麻油，猛火煮开，加盖炆制10分钟；

❺ 取1个鸡公碗，碗底先垫入发菜，碗周围依次铺上莲子、干草菇、发菜、栗子、冬笋尖、腐竹、面筋，并使食材与碗面持平，将五花肉平铺在食材上面，淋入汤汁；

❻ 封上保鲜膜，放入炊笼中炊制30分钟，取出将汤汁倒入鼎中，并调校味道，加入生粉水勾芡，再加入包尾油；

❼ 将鸡公碗倒扣于深圆盘中，淋上芡汁即成。

菜 肴 知 识

此菜肴是潮州菜菜肴中"素菜荤做"的代表，具有"见菜不见肉，但富有肉味"的特点。

第二章　煲

煲，指以砂锅或煲锅为传导介质，使食材在封闭的环境中加热制熟的烹饪技法。

砂锅具有结构密度大、导热均匀的特点，煲类菜肴加热均匀、保温性强、不带有金属味，因此使用砂锅烹饪的菜肴，在同等条件下，风味会比用金属器皿烹饪而成的菜肴略胜一筹。

煲类菜肴可分为干煲和湿煲两种类型。

干煲：食物原料经过初加工或初步烹饪后放入砂锅中煲制，此类菜品煲制时间不会很长，一般均先经过预处理，且不可煲制太久，以防加热过度烧煳，如"干锅肉蟹煲""干锅鱼片煲"等；

湿煲：将食物原料放于砂锅中，加入汤汁及调味料，在砂锅中煲制至熟。此类菜品制熟时间、保温时间均较长，如"厚菇芥菜煲""豆腐石螺煲"等。

在煲制菜肴的过程中，要注意以下要点：

1. 煲制中途不可添加冷水，一次性加足水量再进行煲制，以免温度瞬间下降而影响菜肴质量；

2. 煲制过程中尽量不要掀盖，保持菜肴加热的连续性；

3. 因砂锅的保温性和存热性较好，砂锅停止加热后还会持续加热一段时间，需要控制好熟度。

厚菇芥菜煲

主　　料｜大芥菜1 000克、排骨300克、五花肉300克
辅　　料｜火腿肉20克、湿香菇30克、食用碱3克
调　　料｜鱼露8克、味精3克、香麻油2克、胡椒粉1克、鸡汁5克、生粉水10克、
　　　　　上汤500克、花生油1 000克（耗30克）、猪油50克

制作流程◎切制原料→焯水→拉油→爆香→摆入砂锅→加入上汤→煲制→回鼎炆制→勾
芡→再煲制→成菜

制作步骤

❶ 将大芥菜取外叶去边留菜心，沥干水
分，湿香菇剪去香菇蒂，排骨洗净砍成
块，五花肉切成大块，火腿肉切成片待用；

❷ 烧鼎下水，水开后下入排骨、五花肉焯
至无血水捞起漂冷水，再重新烧水，下入
火腿肉焯水至熟捞起待用；

❸ 烧鼎下水，水开下入芥菜心，调入适量
食用碱，煮开2分钟捞起，盛入盆里加入
冷水漂凉，并撕去芥菜外膜待用；

❹ 烧鼎下油，加热至150℃，下入大芥菜
心拉油片刻捞出沥干油分待用；

❺ 烧鼎下油，油温150℃下入火腿肉爆香
后捞出，再下入湿香菇爆香捞出待用；

❻ 取1个砂锅，底部垫入竹篾片，依次有
序地摆入排骨、五花肉、湿香菇、火腿
肉、芥菜心；

❼ 烧鼎下入上汤，调入适量鱼露、味精、
鸡汁，煮开后将汤汁倒入砂锅中，加盖用
中火煲制20分钟；

❽ 烧鼎润猪油，倒入砂锅中的原料，挑去
排骨与五花肉，炆制片刻后调入适量胡椒
粉、香麻油，并调校味道；

❾ 将芥菜心、火腿肉片、湿香菇重新有序
地摆回砂锅中，原汤加入生粉水勾芡，再
淋于芥菜煲上；

❿ 加盖用中火煲制3分钟即成。

菜肴知识

1. 此菜肴体现潮州菜中"素菜荤做"的特点，见菜不见肉，但富有肉味；
2. 芥菜微苦，具有苦后回甘的特点。

菜肴特点｜香滑软烂，微苦回甘

秘制鱼头煲

主　　料｜鲩鱼头1个（约600克）

辅　　料｜姜50克、葱50克、金不换10克

调　　料｜精盐1.5克、味精2克、鲍汁6克、生抽10克、鸡汁5克、绍酒30克、姜葱
　　　　　汁20克、花生酱10克、胡椒粉0.5克、香麻油3克、特级生粉20克，生粉
　　　　　水10克，上汤150克，花生油1 000克（耗50克）

制作流程◎腌制鱼头→切制配料→炸制→调制汤汁→摆入砂锅→淋入汤汁→煲制→成菜

制 作 步 骤

❶ 将鲩鱼头去除鱼鳃、鱼鳞、血块，并清洗干净，放入盘中，调入姜葱汁、绍酒腌制5分钟，再吸干水分，撒入少量精盐并拍上一层特级生粉待用；

❷ 葱洗净切成葱条，姜洗净切成姜片，金不换取心洗净待用；

❸ 烧鼎下油，油温150℃下入鱼头炸至定形且呈金黄色捞出；

❹ 烧鼎下入上汤，调入适量味精、鲍汁、生抽、鸡汁、花生酱、胡椒粉、香麻油，并加入生粉水勾芡；

❺ 取1个砂锅，底部垫入姜片和葱条，放上鱼头并淋入汤汁；

❻ 放上金不换心，加盖用中火煮开，再转文火煲制4分钟至熟透，并在砂锅盖周围淋入绍酒，激发出酒香味即成。

菜 肴 知 识

1. 金不换也称九层塔，是潮州菜较为独特的配菜；
2. 底部垫入葱、姜，起去腥增香和防止煳底的作用。

菜肴特点｜咸香鲜美，味道浓郁

石螺豆腐煲

主　　料｜（中粒）石螺（或田螺）500克、水豆腐400克

辅　　料｜猪肉末150克、湿香菇30克、虾米10克、葱白20克、红辣椒10克、金不换10克

调　　料｜精盐8克、味精4克、鱼露4克、胡椒粉1克、香麻油3克、特级生粉20克、上汤500克、花生油20克

制作流程◎清理石螺→石螺取肉→切制配料→调制馅料→酿制豆腐→炊制→调制石螺汤→摆入砂锅→煲制→成菜

制作步骤

❶ 将石螺（或田螺）浸养清水中2小时使其吐掉体内沙子，再下入精盐搓洗干净，剪去尾部并洗净待用；

❷ 烧鼎下水，水开加入石螺焯水至熟捞出，再漂冷水，并用牙签挑出螺肉待用；

❸ 葱白洗净切成段，红辣椒切成丝待用；

❹ 湿香菇、虾米均切成末，与猪肉末一起盛入碗中，调入适量精盐、味精、胡椒粉、香麻油、特级生粉，搅拌均匀待用；

❺ 水豆腐切成约3厘米×5厘米的长方块，逐块用汤匙在中间挖出1个洞，洞中拍上特级生粉，并酿上猪肉馅料；

❻ 将豆腐逐块摆入盘中，放入炊笼中炊制5分钟待用；

❼ 烧鼎润油，下入石螺肉和上汤，调入适量鱼露、味精、胡椒粉、香麻油；

❽ 取1个砂锅，底部垫入葱白段、红辣椒丝，并有序摆入豆腐块，倒入上汤，同时将石螺肉捞起放在豆腐上；

❾ 砂锅加盖用中火煮开，转文火煲制3分钟，并调校味道，撒入金不换即成。

菜肴知识

1. 石螺泥腥味较重，金不换可以较好地去除石螺的泥腥味；
2. 金不换不宜过度烹饪，煮太久反而会导致其失去味道。

菜肴特点｜清鲜嫩滑，石螺风味突出，口感丰富

菜肴特点 | 咸骨鲜香，汤汁浓郁

咸骨淮山煲

主　　料 | 排骨500克、淮山400克
辅　　料 | 胡萝卜100克、芹菜茎20克
调　　料 | 精盐50克、味精2.5克、胡椒粉0.8克、五香粉3克、香麻油2克、上汤
　　　　　　500克、花生油1 000克（耗50克）

制作流程 ◎ 砍制排骨→腌制排骨→切制配料→拉油→摆入砂锅→煲制→成菜

制作步骤

❶ 将排骨砍成小块，放于水龙头下冲洗直至无血渍，捞出并吸干水分待用；

❷ 将排骨放入盆中，按照10∶1的比例下入精盐，再调入适量五香粉，搅拌均匀放入冰箱中腌制1天；

❸ 淮山去皮洗净，切成块状，胡萝卜去皮洗净切成笋花状，芹菜茎洗净切成段待用；

❹ 烧鼎润油，油温150℃下入淮山炸至表面定形熟透捞出；

❺ 取1个砂锅，洗净咸骨表面多余的盐分，放于砂锅中，再加入淮山、胡萝卜、上汤，调入适量味精、香麻油；

❻ 加盖用猛火煮开，再转文火煲制20分钟；

❼ 掀盖撒上芹菜段、胡椒粉即成。

菜肴知识

咸骨较咸，可保存较长时间，但制作菜肴时注意不可再加精盐或其他咸味调料。

霸王豆腐煲

主　　料｜黄豆500克、鸡蛋8个
辅　　料｜葱20克、湿香菇50克、胡萝卜50克
调　　料｜XO酱5克、味精2克、鲍汁5克、生抽5克、胡椒粉0.5克、香麻油2克、
　　　　　上汤800克、花生油1 000克（耗50克）

制作流程◎制作豆腐→切制原料→炸制→盛入砂锅→煲制→成菜

制 作 步 骤

❶ 将黄豆清洗干净，冷水浸泡3小时，放入破壁机中，倒入3倍量的水，搅拌成豆浆后再用滤汤袋过滤掉残渣待用；

❷ 取1个汤盆，打入鸡蛋并轻轻搅拌均匀，再倒入豆浆混合均匀，用滤汤袋过滤后倒进四方盘中，包上保鲜膜并扎上小孔，放入炊笼中炊制40分钟制成豆腐，取出晾凉待用；

❸ 将豆腐取出，切成约1厘米×4厘米×4厘米的豆腐块待用；

❹ 胡萝卜洗净切成笋花状，湿香菇去蒂切成香菇角，葱洗净切成葱段待用；

❺ 烧鼎下油，油温120℃下入豆腐块炸至金黄酥脆捞出；

❻ 烧鼎润油，下入香菇角爆香，再加入豆腐块、上汤，调入适量味精、生抽、鲍汁、胡椒粉、香麻油；

❼ 将豆腐连同汤汁盛入砂锅中，加盖煲制5分钟；

❽ 掀盖加入胡萝卜、葱段、XO酱，加盖再煲制1分钟即成。

菜 肴 知 识

1斤（500克）豆浆配400克（约8个）鸡蛋的比例较为适中。

菜肴特点｜味道浓郁，口感嫩滑

菜肴特点 | 鲜香浓郁，口感丰富

芡实芋头煲

主　　料 | 芡实200克、芋头300克

辅　　料 | 鲜虾100克、鲜百合100克、胡萝卜100克、葱20克、椰浆50克

调　　料 | 精盐3克、味精2克、胡椒粉0.5克、香麻油2克、上汤300克、生粉水10
　　　　　 克、花生油1 000克（耗50克）

制作流程 ◎切制配料→腌制鲜虾→拉油→炆制→盛入砂锅→煲制→成菜

制作步骤

❶ 将鲜百合取瓣清洗干净后浸泡冷水，葱取葱白洗净切成葱粒，芋头、胡萝卜均去皮洗净后切成丁待用；

❷ 将鲜虾去除头、壳和虾尾，背部划刀去除虾肠，洗净盛入碗中，调入适量精盐、味精、胡椒粉、香麻油、生粉水，搅拌均匀腌制10分钟待用；

❸ 烧鼎润油，油温150℃下入芋头丁炸至熟透、定形捞出，再下入虾仁拉油片刻迅速倒出沥干油分待用；

❹ 烧鼎下入上汤、芡实、芋头丁、百合、胡萝卜丁，调入适量椰浆、精盐、味精、胡椒粉，并调校味道，中火炆制2分钟；

❺ 取1个砂锅，下入炆制好的芡实、芋头等，加盖用中火煲制3分钟，掀盖加入葱粒、虾仁、香麻油即成。

菜肴知识

芋头炸制定形再煲制不易粉烂。

潮州海鲜粥

主　　料｜珍珠米200克、鲜虾300克、膏蟹1只（约500克）

辅　　料｜纯净水1 000克、芹菜茎20克、冬菜8克、姜10克

调　　料｜鱼露10克、味精2克、胡椒粉1克、香麻油2克、花生酱10克、花生油20克

制作流程◎煮粥→宰杀海鲜→盛入砂锅→煲制→成菜

制作步骤

❶ 将珍珠米清洗干净并沥干水分，砂锅下入纯净水，水开后下入适量花生油和珍珠米（水和米的比例为8：1）；

❷ 鲜虾去掉虾头和虾壳，背部划刀去掉虾肠并清洗干净，宰杀膏蟹，把蟹盖打开并去除蟹腮，用刷子刷洗干净，斜刀切成均等的块，蟹钳轻拍至裂开，放入清水中浸泡待用；

❸ 芹菜茎洗净切成末，姜洗净切成细丝待用；

❹ 粥煮至米粒爆开且米浆黏稠（可舀出部分米粒），下入鲜虾、膏蟹、姜丝和冬菜，并调入适量鱼露、味精、香麻油、花生酱，加盖继续煲制5分钟；

❺ 掀盖撒上芹菜末和胡椒粉即成。

菜肴知识

1. 潮州砂锅粥讲究米粒分明、米汤黏稠；

2. 煲粥时水开再下入米，并且下入适量花生油，防止米粒煳底；

3. 煲粥时如果米汤溢出，可在锅沿放上一根筷子，目的是平衡锅内外的蒸汽压力及降低上溢米汤的表面张力。

菜肴特点｜鲜甜咸香，米粒分明，米汤黏稠

菜肴特点 | 爽脆咸鲜，开胃爽口

咸菜猪肚煲

主　　料 | 鲜猪肚1个（约750克）、潮州咸菜心100克

辅　　料 | 姜20克、红辣椒10克、葱20克、薯粉100克

调　　料 | 精盐20克、胡椒碎10克、香麻油2克、绍酒20克、生粉水10克、花生油20克

制作流程◎清洗猪肚→切制配料→煮制猪肚→炒制→盛入砂锅→煲制→成菜

制 作 步 骤

❶ 将鲜猪肚放入盆中，下入薯粉和精盐，两面抓拌，抓洗掉表面的黏液，并剪去多余的油脂，清洗干净待用；

❷ 将姜、红辣椒均洗净后切成菱形角，葱洗净切成葱段，潮州咸菜心洗净并切成薄片待用；

❸ 烧鼎下入清水，水开后下入适量姜角、葱段、绍酒，下入猪肚用中火煮制5分钟，捞起放入冷水中漂洗，去净表面多余的油脂并刮净黏液待用；

❹ 取1个砂锅下入清水和猪肚，调入适量

精盐、胡椒碎，加盖用猛火煮开，再转文火煲制40分钟至熟待用；

❺ 猪肚冷却后，用斜刀法切成约3厘米×5厘米的薄片状，猪肚原汤过滤后倒进碗中待用；

❻ 烧鼎润油，下入姜角、咸菜片略炒片刻，再加入猪肚片、猪肚原汤，调入适量香麻油，并调校味道；

❼ 盛入砂锅中，加盖煲制3分钟，再加入红辣椒角、葱段，调入适量生粉水和包尾油，加盖再煲制3分钟即成。

菜 肴 知 识

1. 注意咸菜较咸，猪肚也有底味，炒制时不可再加精盐或鱼露；

2. 咸菜若太咸可用清水漂洗后浸泡一段时间以降低咸度。

蛤蜊南瓜煲

主　　料｜鲜花蛤500克、南瓜400克
辅　　料｜葱20克
调　　料｜精盐3克、味精3克、鸡汁4克、胡椒粉1克、香麻油2克、生粉水20克、
　　　　　上汤300克、猪油30克

制作流程◎煮制花蛤→取花蛤肉→制作南瓜泥→煮制南瓜羹→盛入砂锅→制作花蛤羹→
淋羹→煲制→成菜

制作步骤

❶ 先将鲜花蛤用海水（或盐水）浸泡静置1小时，再用清水清洗干净，烧鼎下水，水开后加入花蛤煮制片刻至开口捞出，取肉待用；

❷ 将葱洗净切成葱花待用；

❸ 南瓜去皮去瓤，切成小块，水开放入炊笼中炊制20分钟至软烂取出；

❹ 将南瓜与南瓜汁水倒入搅拌机中，搅拌成南瓜泥盛入碗中待用；

❺ 烧鼎润猪油，下入南瓜泥、上汤，煮开调入适量精盐、味精、鸡汁，并调校味道，再加入生粉水勾芡成羹，盛入砂锅中；

❻ 烧鼎润猪油，下入上汤、花蛤肉、葱花，调入适量精盐、味精、胡椒粉、香麻油，并调校味道，加入生粉水勾芡，再加入包尾油，将其制成花蛤羹，盛于南瓜羹上；

❼ 加盖用文火煲至热透即成。

菜肴知识

贝壳类食材制作的汤汁较为鲜甜，焯水的汤汁可利用起来制汤，前提是需保证每一颗贝壳都新鲜不腐坏。

菜肴特点｜浓香咸鲜

特色什菌煲

主　　料｜鲜草菇80克、鲜金针菇80克、鲜海鲜菇80克、鲜蘑菇80克、鲜木耳50克、鲜茶树菇80克

辅　　料｜胡萝卜50克、葱20克

调　　料｜精盐2克、味精2克、鸡汁4克、生抽5克、老抽4克、胡椒粉0.8克、香麻油2克、上汤300克、生粉水10克、猪油30克、花生油20克

制作流程◎切制原料→煮制→炒制→盛入砂锅→煲制→成菜

制 作 步 骤

❶ 将鲜蘑菇、鲜木耳均洗净沥干水分，鲜金针菇洗净切去茎头，并掰成小段，鲜茶树菇洗净除去茎头切成段待用；

❷ 鲜草菇洗净去蒂切成两半，鲜海鲜菇洗净切成段，胡萝卜洗净切成笋花状，葱洗净切成葱段待用；

❸ 烧鼎下入花生油、清水，加入鲜草菇、鲜金针菇、鲜海鲜菇、鲜蘑菇、鲜木耳、鲜茶树菇，煮制片刻至熟透捞出；

❹ 烧鼎润猪油，下入鲜草菇、鲜金针菇、鲜海鲜菇、鲜蘑菇、鲜木耳、鲜茶树菇，翻炒片刻；

❺ 下入胡萝卜、上汤，调入适量精盐、味精、鸡汁、生抽、老抽、胡椒粉、香麻油，并调校味道，加入生粉水勾芡，再加入包尾油；

❻ 取1个砂锅，下入什菌，加盖用中火煮开，转文火煲制5分钟，掀盖加入葱段即成。

菜 肴 知 识

1. 此菜肴为素菜，猪油和上汤起增香的作用；

2. 菌类菜肴加入少量白糖，可以软化精盐和菌菇的生硬味，使菜肴更加鲜甜。

菜肴特点｜鲜甜爽脆，菌味丰富

第三章　炒

炒，是潮州菜菜肴制作中较为常用的烹饪技法，指以炒鼎为传导介质，对炒鼎加热使食物原料在炒鼎中翻拌制熟的烹饪技法。

以炒为烹饪技法的菜肴多见于潮州菜小炒类菜肴，其中包括走油炒和生炒两种类型。

走油炒，即先将菜肴放入油锅中滑油或油炸，再进行炒制的烹饪方式。此类菜肴多见于较软嫩的原料，通过滑油或油炸进行定形及增香，使其有利于后续的炒制，如"炒鱼片""炒麦穗花鱿"等。

生炒，即原料不经过油炸或焯水，直接下入炒鼎中炒制。此类菜肴能较好地保持菜肴原味，较考究对火候的掌握，如"生炒时蔬""生炒牛肉"等。

在潮州民间俗语中，有一句叫"做戏神仙老虎鬼，做桌靠粉水"（潮州话"做桌"指师傅制作宴席菜肴的过程），这句话的意思是演戏要生动就需依靠神仙、老虎、鬼神这类奇特的东西，烹饪菜肴要好吃的话得依靠生粉水勾芡。这句潮州民间俗语也体现出勾芡在潮州菜菜肴烹饪过程的重要之处。潮州菜小炒一般均离不开使用生粉水勾芡，因为勾芡有两个好处：一是能增加菜肴润滑柔嫩的风味，二是能使菜肴原料裹挟汤汁味道，使食材风味更佳。

勾芡在潮州菜小炒中还有个特殊的技法——对碗芡。即在炒制菜肴前，根据菜肴的量，预先将适量调料和生粉水调入碗中混拌均匀，在炒制过程中边炒制边倒入碗中调料，以便以最快速度完成调味和勾芡的过程，这样做可最大限度地缩短炒制时的调味和勾芡时间，适合猛火快炒的菜肴。

"猛火厚膀香膉汤"是潮州菜小炒的要点，与其他菜系略有不同，潮州菜中"猛火"指炒菜火要够大；"厚膀"指猪油的量要够足；"香膉汤"指潮州盛产的一类调味品——鱼露。如潮州菜中很常见的"炒芥蓝"，用猛火快炒，下入足量的猪油，以及鱼露调味，这样炒制出来的菜肴清脆、肥滑香嫩，又带有鱼发酵后的鲜味。因此可以说"猛火厚膀香膉汤"是潮州菜小炒的精髓。

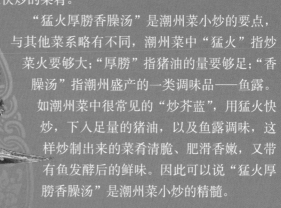

菜肴特点 | 焦香可口，咸香美味

凉瓜炒粿条

主　　料 | 凉瓜（苦瓜）400克、粿条400克

辅　　料 | 蒜头肉50克、五花肉150克

调　　料 | 生抽8克、鱼露8克、味精2克、胡椒粉1克、香麻油2克、生粉水10克、
花生油1 000克（耗50克）

制作流程◎切制原料→炒制粿条→炒制配料→混合炒制→装盘→成菜

制 作 步 骤

❶ 先将凉瓜切成两半，用汤匙挖去瓜瓤与瓜籽，洗净沥干水分，切成薄片待用；

❷ 将五花肉切成薄片，蒜头肉切去头与尾，轻拍至裂开待用；

❸ 烧鼎润油，下入粿条、适量生抽，翻炒均匀后煎至两面呈金黄色且酥脆倒出待用；

❹ 烧鼎润油，下入五花肉片煸炒至金黄色，加入蒜头肉爆香，再加入凉瓜翻炒片刻，调入鱼露、味精、胡椒粉、香麻油；

❺ 略炒片刻后下入适量生粉水勾薄芡，再加入粿条翻炒均匀，装入盘中即成。

菜 肴 知 识

1. 五花肉需去皮，防止煸炒时爆油；

2. 粿条炒制时需抓散开再下入锅中，同时需炒至透心烫嘴。

炒麦穗花鱿

主　　料｜鲜鱿鱼600克

辅　　料｜姜20克、葱20克、红辣椒10克、胡萝卜50克、青辣椒150克、湿香菇30克

调　　料｜鱼露8克、味精2.5克、胡椒粉0.5克、香麻油2克、生粉水10克、上汤
　　　　　100克、花生油1 000克（耗50克）

制作流程◎切麦穗花状鱿鱼→切制配料→调制对碗芡→拉油→炒制→装盘→成菜

制作步骤

❶ 将鲜鱿鱼去头去内脏，在背部用刀划开清洗干净并去掉外膜，再用半斜刀（深度约3毫米），间隔5毫米均匀改花刀，不可切段，反过来斜刀（深度约5毫米），间隔12毫米均匀改花刀，再切成均等的三角形块待用；

❷ 青辣椒、红辣椒均切去头尾，片开后去籽切成三角形，姜和胡萝卜去皮洗净均切成笋花状，湿香菇切成香菇角，葱取葱白洗净切成段待用；

❸ 取1个小碗，调入适量上汤、鱼露、味精、胡椒粉、香麻油、生粉水搅拌均匀成对碗芡待用；

❹ 烧鼎下油，油温120℃加入鲜鱿鱼滑油片刻捞起，再下入青红辣椒角、胡萝卜拉油片刻倒出；

❺ 烧鼎润油，下入香菇角爆香，再加入鲜鱿鱼、青红辣椒、胡萝卜、姜，翻炒片刻调入对碗芡，再加入葱白段，猛火翻炒出锅气，盛入盘中即成。

菜肴知识

1. 此菜肴的重难点在于麦穗花鱿的切制，较为考验制作者的刀功；
2. 青红辣椒拉油不可太久，否则会起虎皮；
3. 鲜鱿鱼滑油时油温不宜过高，否则会影响菜肴色泽及口感。

菜肴特点｜造型美观，色彩丰富，爽脆咸香

火龙果炒虾仁

主　　料｜火龙果400克、鲜虾仁300克

辅　　料｜西芹100克、胡萝卜100克、腰果100克

调　　料｜精盐2.5克、鱼露6克、味精2克、胡椒粉0.5克、香麻油2克、生粉水10
　　　　　克、上汤100克、花生油1 000克（耗50克）

制作流程◎ 切制原料→炸制腰果→虾仁滑油→焯水→调制对碗芡→炒制→装盘→成菜

制作步骤

❶将火龙果切去头尾、剥去外皮，切成菱
形粒并盛入碗中，加入适量温开水、精
盐、花生油浸泡片刻待用；

❷西芹去皮洗净后切成菱形粒，胡萝卜去
皮洗净切成菱形片待用；

❸鲜虾仁背部开一刀，去掉虾肠洗净并吸
干水分，调入适量精盐、味精、胡椒粉、
生粉水搅拌均匀，再加入少量花生油待用；

❹腰果盛入碗中，加入少量盐水浸泡3分
钟捞起，沥干水分待用；

❺烧鼎下油，油温120℃加入腰果炸至熟

透捞出，再加入虾仁滑油即刻倒出；

❻烧鼎下水，水开下入西芹、胡萝卜焯水
片刻至八成熟倒出；

❼取1个小碗，调入适量鱼露、味精、胡
椒粉、香麻油、生粉水、少量上汤，调成
对碗芡待用；

❽烧鼎润油，下入虾仁、西芹粒、胡萝卜
片、火龙果粒，翻炒片刻后调入对碗芡，
并调校味道，加入腰果后再加入包尾油，
猛火翻炒出锅气，盛入盘中即成。

菜肴知识

1. 水果菜肴一般需浸泡油盐水，以防氧化，且不可炒制太久，需猛火快炒；
2. 腰果浸泡盐水可使其更易熟且里外更易酥脆。

菜肴特点｜色彩丰富，果蔬结合

福禄珍珠果

主　　料｜鸡脆骨（鸡爪突出部）200克、夏威夷果100克

辅　　料｜荷兰豆50克、胡萝卜50克、红辣椒10克

调　　料｜精盐3克、味精2克、胡椒粉1克、香麻油3克、生粉水10克、上汤100克、
　　　　　花生油1 000克（耗50克）

制作流程◎腌制鸡脆骨→切制原料→焯水→炸制→调制对碗芡→炒制→装盘→成菜

制 作 步 骤

❶鸡脆骨清洗干净并吸干水分，调入适量精盐、味精、香麻油、生粉水、胡椒粉抓拌均匀，腌制5分钟待用；

❷荷兰豆择洗干净，切成长3厘米的小段，胡萝卜去皮洗净后切成笋花状，红辣椒切成菱形片待用；

❸烧鼎下水，水开加入胡萝卜、荷兰豆焯水片刻捞出，再下入夏威夷果焯水片刻倒出；

❹烧鼎下油，油温120℃下入夏威夷果炸至金黄色熟透捞出，再加入鸡脆骨炸至金黄色倒出；

❺取1个小碗，调入适量精盐、味精、胡椒粉、香麻油、生粉水、少量上汤，调成对碗芡待用；

❻烧鼎润油，下入鸡脆骨、荷兰豆、夏威夷果、胡萝卜，翻炒片刻后调入对碗芡，再加入包尾油，猛火翻炒均匀，盛入盘中即成。

菜 肴 知 识

潮式小炒类讲究猛火快炒，调制对碗芡以缩短炒制时间。

菜肴特点｜色彩丰富，咸香脆爽

乾隆桂花鱿

主　　料｜鲜鱿鱼500克、猪瘦肉100克
辅　　料｜鸡蛋2个、湿香菇30克、葱20克、生菜250克、芫荽20克、熟薄饼皮16张
调　　料｜精盐3克、味精2克、川椒末2克、猪油80克、陈醋10克

制作流程◎宰杀鱿鱼→焯水→切制原料→调浆→炒制→装盘→成菜

制 作 步 骤

❶将鲜鱿鱼宰杀去膜并洗净，猪瘦肉剁成肉末待用；

❷烧鼎下水，水开下入鱿鱼煮制片刻至熟透，捞出放入冷水中漂凉；

❸将鱿鱼切成细丝，湿香菇去蒂挤干水分切成细丝待用；

❹葱洗净切成葱花，芫荽洗净切成小段，生菜取叶洗净并剪成直径为10厘米的圆状，熟薄饼皮剪成直径为10厘米的圆状装盘待用；

❺取1个小碗，下入鱿鱼丝、猪肉末、鸡蛋，调入适量精盐、味精、川椒末，用筷子搅拌均匀待用；

❻烧鼎润猪油，下入香菇丝爆香，再加入拌匀的料，中火炒至熟透且松散，加入葱花并翻炒均匀；

❼盘中盛入炒好的桂花鱿，撒入芫荽段，并伴以生菜叶16片、薄饼皮16张，配以陈醋1碟即成。

🍳 菜肴知识

此菜肴考究炒制时的火候掌握，既要熟透松散，又不可含油太多，要求盛菜盘底不见油。

菜肴特点｜干香松散，口感丰富

炒乳鸽松

主　　料｜乳鸽2只、猪瘦肉100克
辅　　料｜荸荠肉50克、湿香菇30克、韭黄20克、火腿肉15克、熟薄饼皮16张、
　　　　　生菜250克、鸡蛋黄1个
调　　料｜精盐3克、味精2克、胡椒粉0.8克、香麻油2克、特级生粉10克、陈醋10
　　　　　克、猪油50克、花生油1 000克（耗50克）

制作流程◎宰杀乳鸽→切制原料→炸制→炒制→装盘→成菜

制 作 步 骤

❶将乳鸽宰杀去除内脏并清洗干净，去皮取肉与猪瘦肉一并剁成肉末，鸽子头、双翼、双脚洗净，盛入碗中调入适量精盐、味精、鸡蛋黄、特级生粉抓拌均匀腌制3分钟待用；

❷将生菜取叶洗净并剪成直径为10厘米的圆状，熟薄饼皮剪成直径为10厘米的圆状装盘待用；

❸火腿肉炸至金黄色并切成末，湿香菇切成末，韭黄、荸荠肉均洗净切成末并挤干水分待用；

❹烧鼎下油，油温150℃下入肉末拉油至熟捞出，盛入碗中并搅拌松散，油锅再下入鸽子头、双翼、双脚炸熟待用；

❺烧鼎润猪油，下入火腿肉末、香菇末、韭黄末、荸荠末，爆香后加入肉末，并调入适量精盐、味精、胡椒粉、香麻油，猛火翻炒均匀；

❻盘中摆入鸽子头、双翼、双脚，中间盛入炒好的乳鸽松，并伴以薄饼皮16张、生菜叶16片，配以陈醋1碟即成。

菜 肴 知 识

1. 此菜肴不可含油太多，要求对油量掌握准确，使用猪油起到润滑增香的作用；
2. 配以陈醋起解腻的作用。

菜肴特点｜松散香爽

雀巢海中宝

主　　料｜鲜虾仁150克、鲜鱿鱼150克、带子肉150克、食用雀巢1个
辅　　料｜腰果80克、胡萝卜50克、姜20克、葱白20克
调　　料｜精盐2克、鱼露8克、味精3克、胡椒粉0.8克、香麻油2克、生粉水10克、
　　　　　花生油1 000克（耗50克）

制作流程◎切制原料→焯水→炸制→炒制→调味→装盘→成菜

制 作 步 骤

❶在鲜虾仁背部划一刀去除虾肠并洗净，鲜鱿鱼宰杀清洗干净并切成麦穗花状（切法见"炒麦穗鲜鱿"）；

❷带子肉清洗干净，横向开成2瓣，盛入碗中，调入适量精盐、味精、胡椒粉、香麻油，腌制5分钟待用；

❸胡萝卜、姜均洗净切成笋花状，葱白洗净切成长约4厘米的段；

❹烧鼎下水，水开加入虾仁、鱿鱼、带子肉焯水片刻倒出；

❺烧鼎再次下水，水开加入胡萝卜焯水至八分熟倒出；

❻烧鼎下油，油温120℃下入腰果，炸至熟透呈金黄色，再下入食用雀巢拉油至上色捞出盛入盘中，油锅再下入虾仁、鱿鱼、带子肉拉油片刻捞出待用；

❼烧鼎润油，下入姜爆香，再加入虾仁、鱿鱼、带子肉翻炒片刻后调入适量鱼露、味精、胡椒粉、香麻油、生粉水，并调校味道，加入葱白段、腰果翻炒片刻，再加入包尾油，猛火翻炒出锅气，盛入雀巢中即成。

菜 肴 知 识

海中宝即海鲜，此菜肴也可根据时令、个人喜好搭配不同的海鲜。

菜肴特点｜鲜甜爽脆，造型美观

菜肴特点｜牛肉鲜嫩，芒果甜鲜，时令佳肴

雀巢香芒柳

主　　料｜牛肉300克、芒果250克、食用雀巢1个
辅　　料｜胡萝卜50克、姜20克、葱白20克
调　　料｜精盐3克、生抽10克、味精3克、胡椒粉1克、香麻油3克、生粉水10克、
　　　　　特级生粉10克、上汤100克、花生油1 000克（耗50克）

制作流程◎切制原料→焯水→滑油→调制对碗芡→炒制→装盘→成菜

制 作 步 骤

❶牛肉逆纹切成约1厘米×1厘米×6厘米的柳状，盛入碗中并调入适量生抽、味精、胡椒粉、特级生粉搅拌均匀，腌制半小时待用；

❷芒果去皮取肉，切成约1厘米×1厘米×6厘米的柳状，盛入碗中，加入温开水、花生油、精盐浸泡片刻捞出待用；

❸胡萝卜、姜均切成笋花状、葱白洗净切成长约4厘米的段；

❹烧鼎下水，水开加入胡萝卜焯水至八成熟倒出；

❺烧鼎下油，油温150℃下入食用雀巢拉油至上色捞出放进盘中，油锅再下入牛柳滑油即刻倒出待用；

❻取1个小碗，调入适量精盐、味精、胡椒粉、香麻油、生粉水、少量上汤，调成对碗芡待用；

❼烧鼎润油，下入姜爆香，再加入牛柳、芒果、胡萝卜，猛火翻炒片刻后调入对碗芡，并调校味道，加入葱白段翻炒，再加入包尾油，猛火翻炒出锅气，盛入雀巢中即成。

菜 肴 知 识

1. 此菜肴需猛火快炒，造型保持柳状；
2. 水果菜肴中的水果一般均需先用油盐水浸泡。

潮式炒鱼面

主　　料｜马鲛鱼肉500克

辅　　料｜湿香菇25克、豆芽100克、韭黄100克、红辣椒10克、鸡蛋清35克

调　　料｜精盐3克、味精3克、胡椒粉1克、鱼露8克、香麻油3克、XO酱10克、
　　　　　特级生粉50克、生粉水10克、花生油30克、冰水150克、上汤250克

制作流程◎制作鱼面→煮制→切制配料→炒制→调味→勾芡→装盘→成菜

制 作 步 骤

❶将马鲛鱼肉逆纹刮下去净鱼骨，并用刀背拍打成鱼蓉，盛入盆中，调入适量精盐、味精、胡椒粉、特级生粉、鸡蛋清摔打至起胶；

❷将起胶后的鱼蓉放在砧板上，撒上特级生粉，用酥棍压成薄片，再卷成圆筒状，切成薄丝（面状，称为鱼面）；

❸盆中烧水至80℃，开文火保持温度但不烧开（蟹目水），下入鱼面煮至熟透捞出，放于冰水中待用；

❹湿香菇、红辣椒均切成丝，韭黄切成约4厘米的段待用；

❺烧鼎润油，下入香菇丝爆香，加入上汤，再加入鱼面，调入适量鱼露、味精、胡椒粉、香麻油、XO酱，并调校味道，用中火炆制片刻；

❻加入豆芽、韭黄、红辣椒，加入生粉水勾芡，再加入包尾油，猛火翻炒出锅气，盛入盘中即成。

菜 肴 知 识

1. 制作鱼蓉时下入冰水以降低温度，防止手心温度过高影响鱼蓉质量；

2. 鱼面本身已经有咸味，炒制过程注意控制精盐的添加量；

3. 鱼面煮熟迅速放于冰水中，以增加鱼面的弹性且防止粘连；

4. 上菜时可用铁板加热作为盛装器皿，保持鱼面温度。

菜肴特点｜咸鲜爽口，鱼面筋道

菜肴特点 | 咸香爽脆

香芹炒虾滑

主　　料｜鲜虾肉400克
辅　　料｜芹菜100克、白膘肉30克、熟火腿肉15克、荸荠肉30克、鸡蛋清35克
调　　料｜精盐3克、味精2克、胡椒粉1克、香麻油2克、猪油30克、上汤50克

制作流程◎制作百花馅→制作虾滑→炒制→调味→装盘→成菜

制作步骤

❶将鲜虾肉在背部用刀片开去除虾肠,将虾肉清洗干净后吸干水分,放于砧板上用刀拍扁后剁成虾胶待用;

❷白膘肉、熟火腿肉、荸荠肉均切成末,荸荠末挤干水分待用;

❸虾胶盛入碗中,调入适量精盐、味精、胡椒粉、鸡蛋清,摔打至起胶,加入白膘肉末、火腿肉末、荸荠末,搅拌均匀成百花馅,装入裱花袋中待用;

❹烧鼎下水,水温90℃挤入虾滑,文火煮制2分钟至定形捞出;

❺芹菜取茎切成段,洗净沥干水分待用;

❻烧鼎润猪油,下入虾滑炒香,再加入芹菜茎、适量上汤,翻炒片刻调入精盐、味精、胡椒粉、香麻油,猛火翻炒出锅气,盛入盘中即成

菜肴知识

煮制虾滑时不可水沸,否则会使虾滑煮散影响质量。

第四章　烙

　　烙，也称为煎，是潮州菜菜肴制作中常用的烹饪技法，指以炒鼎或烙鼎为传热介质，将食物原料放入鼎中，使用少量的花生油，文火慢加热使原料熟透，并使菜肴底部紧密接触鼎面，从而使食物原料熟透且表面金黄酥脆的烹饪技法。

　　烙的烹饪技法分为液体原料和固体原料两种类型，也可分为烙单面和烙双面两种类型，具有外酥里嫩、外焦内香等特点。

　　液体原料，制作时要先润滑烙鼎，再下入液体原料，将其摊平成圆形，烙成固体，如"潮州蚝烙""佃鱼烙"等；

　　固体原料，直接下入已润油的烙鼎中烙制，将其烙至表面金黄酥脆，如"烙红桃粿""烙无米粿"等。

　　烙单面的菜肴，即只烙制食物的一面，使得酥脆与鲜嫩两种口感得以结合，目的是既能吃到食物酥脆的口感，也可吃到食物原本鲜嫩的口感，如"烙菜头粿""豆酱鱼"等。

　　烙双面的菜肴，乃使食物双面都受热，烙完一面后翻面继续烙制另一面，制作的菜肴具有外皮酥脆、双面金黄的特点，如"烙马鲛鱼""烙红桃粿"等。

　　在潮州菜中，还有一种特殊的烹饪技法——半烙炸，即在烙制菜肴的过程中，加入淹没菜肴一半高度的油，以此缩短菜肴烙制时间，同时使得菜肴更加酥脆，效果介于烙与炸之间。

　　在烙制菜肴中，要注意以下几个要点：

　　1.烙制前鼎一定要清洗干净，食材才不易粘鼎；

　　2.热鼎润油，即将鼎烧热后加入一勺冷油润鼎，再将油倒出后重新加油，食物也不易粘鼎；

　　3.烙制过程中要不断运转鼎，即"旋鼎"，使得原料能变换受热点，进而受热均匀。

潮州蚝烙

主　　料｜珠蚝300克
辅　　料｜地瓜粉150克、鲜鸭蛋2个、芫荽30克、大蒜80克
调　　料｜鱼露10克、胡椒粉0.8克、味精2克、辣椒酱10克、猪油80克
制作流程◎切制配料→调味→调浆→烙制→装盘→成菜

制 作 步 骤

❶ 将珠蚝洗净，沥干水分后盛进碗中，大蒜洗净切成蒜花待用；

❷ 将珠蚝盛入碗中，调入适量味精、辣椒酱，再加入大蒜花混合均匀待用；

❸ 将调好味的珠蚝加入适量地瓜粉、清水，抓拌均匀至无颗粒状，调成稀蚝浆待用；

❹ 碗中打入鲜鸭蛋，打散待用；

❺ 烧鼎润猪油，加入蚝浆，烙至两面定形后从鼎边淋入少量猪油，烙至表面呈金黄色，翻面加入鸭蛋，再烙至表面金黄酥脆；

❻ 将蚝烙盛入盘中，放上芫荽叶，并配以鱼露加胡椒粉1碟即成。

菜 肴 知 识

1. 蚝烙要尽量选用小粒的珠蚝；

2. 选用鸭蛋增其香味；

3. 控制地瓜粉与珠蚝的比例，一般1斤（500克）生蚝配以5两（250克）地瓜粉，且要抓开使其不结块；

4. 珠蚝一般要搭配鱼露，因为鱼露会增加其鲜甜度。

菜肴特点｜外脆里嫩，咸香富有蚝鲜

菜肴特点｜咸香松脆

鲜嫩丝瓜烙

主　　料｜丝瓜600克、鲜虾仁150克
辅　　料｜冬菜6克
调　　料｜精盐1.5克、特级生粉200克、花生油1 250克（耗50克）、

制作流程◎切制原料→调制丝瓜糊→热油→烙制→切件→装盘→成菜

制作步骤

❶将丝瓜去皮洗净，竖切成4瓣，去掉瓜瓤，再片成薄片后直刀切成细条状，鲜虾仁片成2瓣并去除虾肠，冬菜洗净切成末待用；

❷碗中盛入丝瓜条、鲜虾仁瓣、冬菜末，调入适量精盐、特级生粉，搅拌均匀待用；

❸烧鼎下油，油要多于鼎的1/3，烧至180℃倒回油锅中；

❹烧鼎润油，再均匀撒上调好的丝瓜糊，整理成圆形且压实不留缝隙，喷上少量水使特级生粉糊化；

❺鼎中倒回烧热的油，中火烙制，使用炒勺轻推，至表面金黄酥脆捞出；

❻控干油分后切成大小均匀的菱形，摆盘即成。

菜肴知识

丝瓜采用嫩丝瓜，更能突出外脆里嫩的口感，且较容易熟。

香甜玉米烙

主　　料｜熟玉米粒400克

辅　　料｜冬瓜糖50克、花生仁50克、熟芝麻20克

调　　料｜糖粉50克、特级生粉200克、花生油1 250克（耗50克）

制作流程◎处理原料→调制玉米粒糊→热油→烙制→切件→装盘→撒糖→成菜

制 作 步 骤

❶将熟玉米粒清洗干净并控干水分待用；

❷烧鼎下入花生仁炒至熟透捞出，去膜碾压成花生碎，盛入碗中下入熟芝麻、糖粉，搅拌均匀待用；

❸冬瓜糖切成丁，与玉米粒混合均匀，盛入碗中加入适量特级生粉拌匀待用；

❹烧鼎下油，油要多于鼎的1/3，烧至180℃倒回油锅中；

❺烧鼎润油，再均匀撒上调好的玉米粒糊，整理成圆形且压实不留缝隙，喷上少量水使特级生粉糊化；

❻鼎中倒回烧热的油，中火烙制，使用炒勺轻推，烙至表面金黄酥脆捞出；

❼控干油分后切成大小均匀的扇形状并摆盘，撒上搅拌好的花生芝麻糖粉即成。

菜 肴 知 识

1. 要注意火候的控制，不可过火或中心点火候过猛，这样会导致菜品发苦；

2. 糖粉也可以用返沙糖碾碎代替。

菜肴特点｜香甜松脆

清爽苹果焰

主　　料丨红苹果500克

调　　料丨糖粉50克、特级生粉200克、花生油1 250克（耗50克）

制作流程◎切制原料→调制苹果糊→热油→焰制→切件→装盘→撒糖→成菜

制 作 步 骤

❶红苹果去皮洗净，竖切成4瓣并切去果瓤，再切成厚片后直刀切成细条状待用；

❷碗中盛入苹果条，下入适量特级生粉，搅拌均匀待用；

❸烧鼎下油，油要多于鼎的1/3，烧至180℃倒回油锅中；

❹烧鼎润油，再均匀撒上调好的苹果糊，整理成圆形且压实不留缝隙，喷上少量水使特级生粉糊化；

❺鼎中倒回烧热的油，中火焰制，使用炒勺轻推，至表面金黄酥脆捞出；

❻控干油分后切成大小均匀的扇形状并摆盘，撒上糖粉即成。

菜 肴 知 识

苹果制作菜肴时，切成条后可先浸泡淡盐水，防止氧化变色。

菜肴特点丨清爽松脆

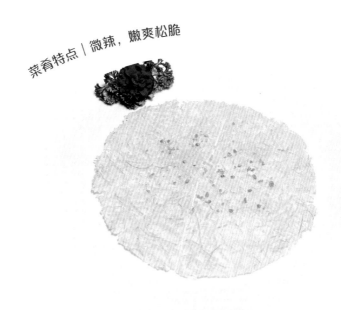

菜肴特点｜微辣，嫩爽松脆

嫩辣姜丝烙

主　　料｜嫩姜300克

调　　料｜糖粉100克、特级生粉200克、花生油1 250克（耗50克）

制作流程◎切制原料→调制嫩姜糊→热油→烙制→切件→装盘→撒糖→成菜

制 作 步 骤

❶嫩姜去皮洗净，切成薄片后直刀切成丝待用；

❷碗中盛入嫩姜丝，下入适量特级生粉，搅拌均匀待用；

❸烧鼎下油，油要多于鼎的1/3，烧至180℃倒回油锅中；

❹烧鼎润油，再均匀撒上调好的嫩姜糊，

整理成圆形且压实不留缝隙，喷上少量水使特级生粉糊化；

❺鼎中倒回烧热的油，中火烙制，使用炒勺轻推，至表面金黄酥脆捞出；

❻控干油分后切成大小均匀的扇形状并摆盘，撒上糖粉即成。

菜 肴 知 识

嫩姜口感鲜嫩带微辣，可直接生吃，不宜使用老姜烙制。

凉瓜焗蛋

主　　料｜凉瓜（苦瓜）500克
辅　　料｜鸡蛋2个、蒜头肉10克
调　　料｜精盐2克、鱼露5克、味精3克、胡椒粉0.5克、香麻油2克、猪油100克、
　　　　　特级生粉20克

制作流程◎切制原料→挤压凉瓜水分→调制蛋浆→焗制→切件→装盘→成菜

制 作 步 骤

❶将凉瓜切开成2瓣，去瓤并洗净切成薄片，蒜头肉切成末待用；

❷将凉瓜盛入碗中，调入少量精盐搅拌均匀静置8分钟，用手挤压出凉瓜汁后用清水漂洗，反复三次再挤压干水分待用；

❸烧鼎润猪油，下入蒜头末炸至金黄色，捞起沥干油分后盛入碗中，下入鸡蛋、凉瓜片，调入适量鱼露、味精、胡椒粉、香麻油、特级生粉，搅拌均匀待用；

❹热鼎润猪油，倒入凉瓜和蛋，中火焗至两面金黄色；

❺捞出控干油分，再切成大小均匀的块状，摆盘即成。

菜 肴 知 识

1. 凉瓜挤压水分之后苦味会变淡，同时本身的瓜味也会减少；
2. 凉瓜性寒，夏天吃凉瓜可降火。

菜肴特点｜外香里嫩，清爽苦凉

清香椰子烙

主　　料丨椰子肉400克

辅　　料丨冬瓜糖25克

调　　料丨糖粉50克、特级生粉200克、花生油1 250克（耗50克）

制作流程◎焯水→切制原料→调制椰丝糊→热油→烙制→切件→装盘→撒糖→成菜

制作步骤

❶椰子取肉洗净，烧鼎下水，水开下入椰子肉，焯水片刻捞出；

❷将椰子肉片切薄后再切成丝，冬瓜糖切成丝，均盛入碗中并调入适量特级生粉，搅拌均匀待用；

❸烧鼎下油，油要多于鼎的1/3，烧至180℃倒回油锅中；

❹烧鼎润油，再均匀撒上调好的椰丝糊，整理成圆形且压实不留缝隙，喷上少量水使特级生粉糊化；

❺鼎中倒回烧热的油，中火烙制，使用炒勺轻推，至表面金黄酥脆捞出；

❻控干油分后切成大小均匀的扇形状并摆盘，撒上糖粉即成。

菜肴知识

椰子肉焯水可使其变软，有利于改刀处理。

菜肴特点丨外表松脆，富有椰子香

菜肴特点 | 爽脆酥松

清甜荸荠烙

主　　料 | 荸荠400克

辅　　料 | 冬瓜糖25克

调　　料 | 糖粉50克、特级生粉200克、花生油1 250克（耗50克）

制作流程◎切制原料→调制荸荠糊→热油→烙制→切件→装盘→撒糖→成菜

制 作 步 骤

❶将荸荠去皮洗净切成片状，冬瓜糖切成细丝待用；

❷碗中盛入荸荠片、冬瓜糖，调入适量特级生粉，搅拌均匀待用；

❸烧鼎下油，油要多于鼎的1/3，烧至180°倒回油锅中；

❹烧鼎润油，再均匀撒上调好的荸荠糊，

整理成圆形且压实不留缝隙，喷上少量水使特级生粉糊化；

❺鼎中倒回烧热的油，中火烙制，使用炒勺轻推，至表面金黄酥脆即成捞出；

❻控干油分后切成大小均匀的扇形状并摆盘，撒上糖粉即成。

菜 肴 知 识

荸荠口感爽脆，具有清热消暑的作用。

银鱼芋丝烙

主　　料｜银鱼150克、芋头400克
辅　　料｜葱15克
调　　料｜精盐3克、五香粉3克、特级生粉200克、花生油1 250克（耗50克）

制作流程◎切制原料→调制芋头糊→热油→银鱼拍粉→烙制→切件→装盘→成菜

制 作 步 骤

❶将芋头去皮洗净切成细条状，银鱼洗净沥干水分盛入碗中，葱洗净切成葱粒待用；

❷碗中盛入芋头条、葱粒，调入适量精盐、特级生粉、五香粉，搅拌均匀待用；

❸烧鼎下油，油要多于鼎的1/3，烧至180℃倒回油锅中；

❹银鱼均匀拍上特级生粉，再抖掉多余生粉待用；

❺烧鼎润油，均匀撒上调好的芋头糊，再均匀撒入银鱼，整理成圆形且压实不留缝隙，喷上少量水使生粉糊化；

❻鼎中倒回烧热的油，中火烙制，使用炒勺轻推，至表面金黄酥脆捞出；

❼控干油分后切成大小均匀的扇形状，摆盘即成。

菜 肴 知 识

银鱼不宜过早拍上生粉，因为银鱼较容易出水，过早拍粉会使得表面的生粉湿润而影响菜肴制作。

菜肴特点｜咸香松脆，口感丰富

咸甜双拼焙

主　　料｜芋头300克、红心番薯300克

调　　料｜精盐2克、细砂糖50克、特级生粉200克、花生油1 250克（耗50克）

制作流程◎切制原料→调制芋头糊、番薯糊→热油→焙制→切件→装盘→成菜

制作步骤

❶将芋头与红心番薯分别去皮洗净切成薄片后再切成细条状待用；

❷碗中盛入芋头条，调入适量精盐、特级生粉，搅拌均匀待用；

❸碗中盛入番薯条，调入适量细砂糖、特级生粉，搅拌均匀待用；

❹烧鼎下油，油要多于鼎的1/3，烧至180℃倒回油锅中；

❺烧鼎润油，一半均匀撒上调好的芋头条，另一半均匀撒上调好的番薯条，使其呈圆形且压实不留缝隙，喷上少量水使特级生粉糊化；

❻鼎中倒回烧热的油，中火焙制，使用炒勺轻推，炸至金黄酥脆捞出；

❼控干油分后切成大小均匀的扇形状，摆盘即成。

菜肴知识

芋头与番薯融合在一起制作成焙菜，咸甜交加，别具一番风味。

菜肴特点｜口味丰富，酥脆松香

第五章　炸

炸，指以食用油为传导介质，在油锅中加热制熟食物原料的烹饪技法。

潮州菜中认为炸制的菜肴一般热气比较重，加上潮州地区较为温热，吃太多炸制的菜肴，在潮州人口中叫作"易浮火"（容易上火之意），因此潮州菜师傅便巧妙地运用橘油作为炸制类菜肴的酱碟，一来可以赋予菜肴酸甜果香味，增加炸制类菜肴的风味，二来可以利用橘子性寒的特点，达到降火的作用。炸制类菜肴一般较为干香、酥脆，因此受到许多人的喜爱，虽不敢多吃，但为了追求口齿之福，潮州菜中也研发了许多美味的炸制类菜肴。特别是在潮州菜宴席中，头盘一般为小吃拼盘，而拼盘中便至少有两种是炸制菜肴，这既方便潮州菜师傅操作，又可以激发食客的食欲。

炸制菜肴分为清炸、干炸和脆炸三种种类。

1. 清炸：食材未经过多处理，直接下入油锅中炸制，如"炸豆仁（花生）""生炸乳鸽"等；

2. 干炸：食材表面拍上薄生粉再进行炸制，利用生粉包裹食材，进而锁住食材味道及水分，如"炸粿肉""炸玉米鱼"等；

3. 脆炸：食材裹上脆皮糊再进行炸制，具有保护食材、锁住食材味道的作用，如"炸茄盒""金钱酥柑"等。

在炸制过程需注意以下要点：

1. 炸制菜肴一般均先低油温浸炸至熟透，再捞出降低食材温度，同时升高油温，下入食材进行复炸，达到令食物外皮酥脆的效果；

2. 炸制菜肴无论是否复炸，在出锅前一定是要开高油温，以逼出食材中的油分，起减少食物含油量的作用。

韭菜汁银鱼

主　料｜银鱼（大条）200克

辅　料｜韭菜200克、香炸粉300克、姜葱汁15克、鸡蛋1个

调　料｜精盐2克、味精2克、胡椒粉0.5克、香麻油2克、绍酒8克、花生油
　　　　1 000克（耗50克）、橘油10克

制作流程◎腌制→调浆→裹浆→炸制→装盘→成菜

制 作 步 骤

❶将银鱼洗净沥干水分，盛入碗中，调入适量精盐、味精、胡椒粉、香麻油、姜葱汁、绍酒搅拌均匀，腌制30分钟，有序摆入盘中待用；

❷韭菜洗净，切去头部并改刀成小段，放入搅拌机中，加入适量清水搅拌成汁，再过滤掉颗粒成韭菜汁待用；

❸将香炸粉盛入碗中，下入韭菜汁搅拌均匀，再加入鸡蛋搅拌均匀，最后加入适量花生油，搅拌成脆皮浆待用；

❹烧鼎下油，油温150℃，将银鱼吸干水分，逐条裹上脆皮浆，放入油锅中炸制；

❺炸至浮起熟透捞出，再升高油温至200℃，下入银鱼复炸片刻至酥脆捞出；

❻将银鱼摆入盘中，配以橘油1碟即成。

菜 肴 知 识

韭菜去除头部，只取绿色部分保证菜肴的翡翠色，也可使用其他绿叶蔬菜替代。

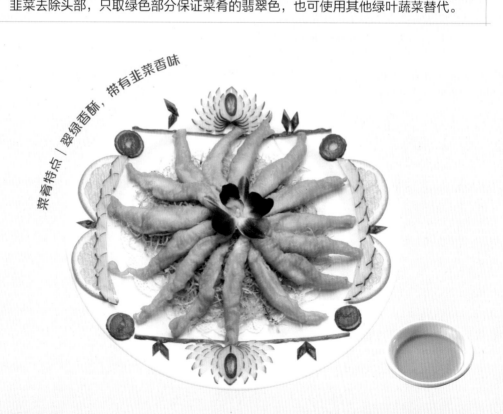

菜肴特点｜翠绿香酥，带有韭菜香味

菜肴特点 | 翠绿香酥，外脆里嫩

碧绿琵琶豆腐

主　　料 | 嫩豆腐400克、虾胶150克
辅　　料 | 菠菜200克、荸荠肉30克、韭黄15克、白膘肉30克、香炸粉200克、鸡蛋2个、威化纸24张
调　　料 | 精盐3克、味精2克、胡椒粉0.8克、花生油1 000克（耗50克）、橘油10克

制作流程 ◎处理原料→调制馅料→包制→调浆→裹浆→炸制→装盘→成菜

制 作 步 骤

❶将嫩豆腐放于砧板上，用刀背碾压成泥状，装入滤汤袋中挤干水分待用；

❷将荸荠肉、韭黄、白膘肉均切成末，盛入碗中并加入虾胶、豆腐泥、鸡蛋，调入适量精盐、味精、胡椒粉，搅拌均匀成馅料待用；

❸将1/3的威化纸对半剪开，再将整张和半张的威化纸叠在一起，放入调好的馅料，包入威化纸中，制作成约5厘米×3厘米×2厘米的长方体状待用；

❹菠菜取叶洗净，烧鼎下水，水开下入菠菜叶焯水片刻，并浸泡冰水；

❺将菠菜叶挤干水分放入搅拌机中，加入少量清水搅拌成汁待用；

❻将香炸粉盛入碗中，加入菠菜汁、鸡蛋搅拌均匀，再下入少量花生油调成菠菜脆皮浆待用；

❼烧鼎下油，油温150℃，将豆腐块逐个裹上菠菜脆皮浆，下入油锅中炸制；

❽炸至浮起熟透捞出，再升高油温至200℃，下入豆腐块复炸片刻至酥脆捞出，控干油分并摆盘，配以橘油1碟即成。

菜 肴 知 识

琵琶乃象声词，意为食用时外皮酥脆而发出的声音（噼啪噼啪）。

菜肴特点｜色泽金黄，香甜美味

炸来不及

主　　料｜香蕉500克、柑饼60克、冬瓜糖40克

辅　　料｜鸡蛋2个、面粉150克、特级生粉50克、泡打粉2克、熟白芝麻15克

调　　料｜白糖100克、糖粉50克、花生油1 000克（耗50克）

制作流程◎切制原料→香蕉去心→塞入冬瓜糖、柑饼→调浆→裹浆→炸制→熬糖浆→装盘→成菜

制作步骤

❶将柑饼、冬瓜糖分别切成长约4厘米的粗条状待用；

❷香蕉去掉外皮并去掉头尾，切成长约4厘米的香蕉段，挖去蕉心的肉，塞进1条柑饼、1条冬瓜糖待用；

❸将150克面粉、50克特级生粉、适量泡打粉和清水搅拌均匀，再加入2个鸡蛋和少量花生油，调制成脆皮浆；

❹烧鼎下油，油温150℃，将香蕉段裹上脆皮浆，逐个放入油鼎中，炸至浮出油面且呈金黄色捞出控干油分；

❺再升高油温至200℃，下入香蕉段复炸片刻至金黄酥脆捞出摆盘；

❻烧鼎润油，下入100克白糖和适量清水，文火熬成糖浆（浓度为筷子粘起糖浆在下落的过程能形成坠丝为佳），淋于炸好的香蕉上，并均匀撒上糖粉和熟白芝麻即成。

菜肴知识

1. 要控制好油温，水果原料外皮需酥脆，不可加热过度；

2. "炸来不及"的名字由来：传说在明末清初，潮州意溪一姓陈的富户人家临时请客，家厨在杀鸡宰鸭之后略嫌菜肴不够。他抬头看见花园中有一梳成熟的香蕉挂在树上，灵机一动，便割下香蕉，剥皮切成块油炸后上桌。没想到客人吃后赞不绝口，后问家厨此菜肴的名字，家厨来不及给此菜肴命名，一时不知所措，口中念叨："来不及啊来不及"。客人听见，便称此菜肴为"炸来不及"，从此，这个名字便流传至今。

金钱酥柑

主　　料｜沃柑800克

辅　　料｜冬瓜糖100克、柑饼100克、白臁肉200克、面粉150克、糕粉250克、特级生粉50克、泡打粉2克、鸡蛋2个、熟白芝麻15克

调　　料｜白糖400克、白酒30克、花生油1 000克（耗50克）

制作流程◎腌制冰肉→切制原料→调制馅料→调脆皮浆→夹制→裹脆皮浆→炸制→装盘→成菜

制 作 步 骤

❶将白臁肉洗净并吸干水分，切成长约5厘米的均等薄片，盛入碗中，提前1天按照1：1的比例下入白糖，再加入白酒，糖渍成冰肉片待用；

❷将柑饼、冬瓜糖、冰肉片分别切成丝状，盛入碗中，下入适量白糖、糕粉、熟白芝麻制成馅料待用；

❸将沃柑去皮及撕去丝络，从厚部片开，片成双飞片状，盛入碗中待用；

❹将面粉、特级生粉、适量泡打粉和清水搅拌均匀，再加入2个鸡蛋和少量花生油，调制成脆皮浆；

❺将柑片平放于盘中，放上适量馅料，再盖上另一片柑片压实，四周轻拍上特级生粉待用；

❻烧鼎下油，油温150℃，将柑盒逐个裹上脆皮浆，放入油锅中炸制，炸至熟透捞起，再转猛火将油温升至200℃，下入柑盒复炸片刻至金黄酥脆捞出；

❼摆盘并撒上白芝麻即成。

菜 肴 知 识

进行第5步骤操作时请注意沃柑表皮不要拍生粉，否则会粘筷子，炸制时易散开。

菜肴特点｜外脆里香，口感层次丰富

玻璃酥鸡

主　　料｜鸡肉300克

辅　　料｜韭黄15克、白膘肉15克、荸荠肉20克、面粉80克、鸡蛋清35克、火腿肉5克

调　　料｜精盐3克、味精3克、胡椒粉1克、香麻油2.5克、绍酒10克、生粉水10克、上汤300克、花生油1000克（耗50克）

制作流程 ◎切制原料→调浆→炸制→切件→调芡→淋芡→装盘→成菜

制 作 步 骤

❶将鸡肉用刀片成薄片并剞上花刀，盛入碗中，调入适量绍酒、精盐、味精、胡椒粉、香麻油腌制10分钟，盘底抹油，铺上鸡肉待用；

❷将韭黄、荸荠肉、白膘肉、火腿肉均洗净切成末，再和适量面粉、鸡蛋清、味精、精盐、胡椒粉一起盛入碗中，加入少量清水并搅拌均匀成面糊待用；

❸将调制好的糊浆酿在鸡肉上面，用手压平，厚度约为1厘米且厚薄均匀；

❹烧鼎下油，油温180℃下入鸡块用文火慢炸，炸至熟透捞出，再转猛火升高油温至200℃，下入鸡块复炸至金黄酥脆捞出，切成约3厘米×5厘米的块状；

❺烧鼎调入适量上汤、精盐、味精、胡椒粉、香麻油，并调校味道，加入生粉水勾芡，再加入包尾油调成玻璃芡待用；

❻取1个盘，将玻璃芡淋在盘中，再将切好的鸡肉有序摆在芡汁上面即成。

菜 肴 知 识

1. 糊浆不宜过稀，否则难以上浆；
2. 芡汁淋于盘底再铺上鸡肉，可保持一面酥脆一面吸收芡汁。

菜肴特点｜外酥里嫩，咸香美味

菜肴特点 | 外脆里嫩，香酥咸鲜，型似凤尾

干炸凤尾虾

主　　料 | 中对虾400克

辅　　料 | 面粉150克、特级生粉50克、泡打粉2克、鸡蛋2个、姜10克、葱10克

调　　料 | 精盐4克、味精2克、川椒末2克、胡椒粉0.5克、香麻油2克、绍酒10克、
花生油1 000克（耗50克）、橘油10克

制作流程◎处理对虾→腌制→调浆→裹浆→炸制→炒制→装盘→成菜

制 作 步 骤

❶ 先将中对虾去头去壳，留下尾巴并洗净沥干水分，姜、葱切成末盛入碗中，加入绍酒用力挤出姜葱汁待用；

❷ 将虾肉放在砧板上，用刀在腹部开一刀去掉虾肠，并轻轻剞上花刀，洗净沥干水分放进碗中，调入适量姜葱汁、川椒末、精盐、味精，腌制3分钟待用；

❸ 将面粉、特级生粉、适量泡打粉和清水搅拌均匀，再加入2个鸡蛋和少量花生

油，调制成脆皮浆；

❹ 烧鼎热油，油温150℃，将对虾逐条裹上脆皮浆，放油鼎炸至定形，用文火慢炸，炸至熟透捞起，再用猛火升高油温至200℃，下入凤尾虾复炸至金黄酥脆捞起；

❺ 烧鼎调入适量香麻油、胡椒粉，文火炒出香味后关火，再加入凤尾虾翻炒均匀，盛入盘中；

❻ 配以橘油1碟即成。

菜 肴 知 识

1. 调制面浆时不宜过稀，否则难以上浆；

2. 炸制时要注意火候，先文火浸炸熟透，再用猛火复炸使其酥脆且逼出多余油分。

炸高丽肉

主　　料｜白膘肉400克

辅　　料｜冬瓜糖40克、柑饼40克、老香黄30克、面粉150克、生粉50克、泡打粉
　　　　　2克、鸡蛋1个、花生50克、白芝麻50克

调　　料｜白糖400克、糖粉100克、高度白酒20克、花生油1 000克（耗50克）

制作流程◎ 腌制冰肉→切制原料→夹制→调制脆皮浆→裹制脆皮浆→炸制→熬糖浆→装盘→撒花生芝麻糖→成菜

制 作 步 骤

❶将白膘肉切成约6厘米×3厘米的方块，再切成双飞刀片；

❷将白膘肉放入碗中，按1∶1的量下入白糖，再加入少量高度白酒腌制1天待用；

❸将冬瓜糖、柑饼、老香黄均切成约5厘米×2厘米的片待用；

❹将花生、白芝麻分别炒熟，花生去膜碾压成末，与糖粉一同搅拌均匀成花生芝麻糖待用；

❺烧鼎下水，水开下入白膘肉煮至熟透成高丽肉（冰肉）；

❻将高丽肉吸干水分，中间依次放入冬瓜糖片、柑饼片、老香黄片各1片待用；

❼将150克面粉、50克生粉、适量泡打粉和清水搅拌均匀，再加入1个鸡蛋和少量花生油，调制成脆皮浆；

❽烧鼎下油，油温150℃，将高丽肉逐个裹上脆皮浆，下入油锅中炸制，炸至熟透捞起，再转猛火将油温升至200℃，下入高丽肉复炸至金黄酥脆捞出；

❾烧鼎润油，下入100克白糖和清水，文火熬成糖浆（浓度要用筷子粘起糖浆在放落的过程能形成坠丝为佳）；

❿高丽肉摆盘，淋上糖浆并撒上花生芝麻糖即成。

菜肴知识

下入老香黄起增加菜肴咸口甘香风味的作用。

菜肴特点｜外脆里嫩，甘香不腻

菜肴特点｜外酥里嫩，咸香美味，口感丰富

干炸肝花

主　　料｜猪肝400克、鲜虾肉150克
辅　　料｜白膘肉80克、猪网油300克、腐皮2张、姜20克、葱20克
调　　料｜精盐5克、味精3克、花椒末3克、绍酒20克、生抽16克、特级生粉50克、老抽8克、花生油1 000克（耗50克）、橘油10克

制作流程◎处理食材→腌制→卷制→炊制→炸制→装盘→成菜

❶ 先将猪网油放于水龙头下漂水半小时至白净，捞出沥干水分待用；

❷ 将鲜虾肉片成2瓣并去除虾肠洗净沥干水分，猪肝、白膘肉均切成薄片，葱洗净切成葱段，姜洗净切成姜片待用；

❸ 取1个大碗，将猪肝片、白膘肉片盛入碗中，调入适量绍酒、老抽、生抽、味精、精盐、葱段、姜片拌匀腌制10分钟，再用清水洗净捞出，沥干水分；

❹ 将猪肝片、白膘肉片、鲜虾盛入碗中，调入适量花椒末、绍酒、生抽、老抽、味精、精盐、特级生粉拌匀，腌制10分钟待用；

❺ 将腐皮平铺在砧板上，将拌均匀的白膘肉片、鲜虾、猪肝片依次呈长条状摆在腐皮上，再放上一层葱段，卷成直径约3厘米的圆卷，再包上1层洗净的猪网油待用；

❻ 盛入盘中并放入炊笼中炊制10分钟，取出，用竹签在表面扎几处小孔，再放入炊笼中炊制20分钟后取出；

❼ 在猪肝卷表面拍上一层薄生粉；

❽ 烧鼎热油，油温180℃时放入猪肝卷炸制，炸至金黄色取出，沥干油分，切成宽约1.5厘米的段，摆在盘中；

❾ 配以橘油1碟即成。

1. 制作时注意松紧度要适中，包扎不可太松也不可太紧实；

2. 注意要扎孔，否则炊制膨胀后会爆开。

香炸金甲虾

主　　料｜大对虾16条、瓜仁200克、虾胶300克

辅　　料｜白膘肉15克、韭黄15克、荸荠肉20克、姜20克、葱20克、鸡蛋清35克

调　　料｜精盐4克、味精3克、胡椒粉1克、香麻油1克、绍酒20克、花生油1000克
　　　　　（耗50克）、橘油10克

制作流程◎处理对虾→切制配料→腌制→制作馅料→造型→炸制→装盘→成菜

制 作 步 骤

❶将大对虾去除头壳，留虾尾并在背部划开一刀，去除虾肠并洗净沥干水分待用；

❷白膘肉切成末，韭黄、荸荠肉均洗净切成末并挤干水分，姜、葱洗净拍碎并下入绍酒挤出姜葱汁待用；

❸将大对虾盛入碗中，调入适量姜葱汁、精盐、味精、胡椒粉、香麻油，搅拌均匀腌制5分钟待用；

❹取1个碗，盛入虾胶、白膘肉、韭黄末、荸荠末，调入适量精盐、味精、胡椒粉、香麻油、鸡蛋清，搅拌均匀并摔打至

起胶待用；

❺将大对虾平铺在盘中，再将虾胶捏成均等的圆形，酿于虾身上，使其呈鱼身形，再将瓜仁有序地插在"鱼身"上，呈现鱼鳞状；

❻烧鼎热油，油温150℃下入酿制好的对虾，用文火慢炸至熟透捞出，再升高油温至180℃，下入"金甲虾"复炸至金黄色捞出沥干油分；

❼摆入盘中并配以橘油1碟即成。

菜 肴 知 识

此菜肴由"锦鲤虾"创新而来，通过改变烹饪技法，使对虾与百花馅融合，呈现出不一样的风味。

菜肴特点｜形似金甲，外香里嫩，口感丰富

生炸乳鸽

主　　料｜乳鸽2只
辅　　料｜姜20克、葱20克
调　　料｜精盐2克、味精2.5克、胡椒粉0.5克、香麻油2克、绍酒8克、生抽5克、
　　　　　腐乳汁6克、五香粉3克、椒盐粉10克、花生油1 000克（耗50克）

制作流程 ◎宰杀乳鸽→切制配料→腌制→炸制→砍件→装盘→成菜

制 作 步 骤

❶ 先将乳鸽宰杀去内脏并清洗干净，砍去脚爪并刺破眼睛，沥干水分待用；

❷ 姜、葱均洗净切成小块（段），用刀背拍碎并挤出姜葱汁待用；

❸ 将乳鸽盛入碗中，调入适量精盐、味精、胡椒粉、香麻油、腐乳汁、五香粉、生抽、绍酒、姜葱汁，里外抓拌均匀，腌制半小时待用；

❹ 烧鼎下油，油温120℃下入乳鸽用文火慢炸至熟透；

❺ 升高油温至180℃，下入乳鸽复炸至金黄酥脆捞出；

❻ 将乳鸽砍件并摆盘，配以椒盐粉1碟即成。

菜 肴 知 识

生炸为将原料直接炸制之意，潮式生炸乳鸽无需淋脆皮水或其他增脆物质。

菜肴特点｜外皮酥脆，肉质入味，富含汁水

第六章　焗

　　焗，指以陶瓷或铁鼎等封闭器皿为传导介质，利用少量汤水、蒸气、热空气等物质在封闭空间中循环加热，使经过腌制的食物原料在器皿中制熟的烹饪技艺。

　　焗制的菜肴，食材会因受热而膨胀松软，且水分蒸发，食材可吸收配料及调料的味道，具有独特的香味。焗制类菜肴可分为砂锅焗、鼎上焗、盐焗、烤炉焗等类型。

　　1. 砂锅焗：是潮州菜焗制类菜肴中最常见的类型，指砂锅底部垫入白膘肉、芫荽、蒜头等原料（防止粘底及增加菜肴风味），放入腌制完成的食物，使其在封闭的砂锅中焗制至熟，如"豆酱焗蟹""豆酱焗鸡"等；

　　2. 鼎上焗：指食物经过油炸或其他烹饪技法制熟后，再放入炒鼎中拌以胡椒油或其他调料焗制，如"干焗虾枣""干焗蟹塔"等；

　　3. 盐焗：指将食物放置于烧热的精盐上加热制熟，赋予食材精盐的香味，如"盐焗花螺""盐焗大虾"等；

　　4. 烤炉焗：指食物经过腌制初加工后，放置于烤炉中焗制至熟，如"焗蟹枣""牛油焗大草虾"等。

　　在焗制菜肴时，要注意以下要点：

　　1. 焗制菜肴过程中一般不允许中途掀盖，要保持火候的连续性和器皿的封闭性，以免影响菜肴质量；

　　2. 焗的菜肴较考究对于火候的掌握，需把握恰到好处。

菜肴特点｜肉滑鲜嫩，富含浓郁的豆酱香味

豆酱焗鸡

主　　料｜三黄鸡1只（约1 500克）、白膘肉150克

辅　　料｜芫荽50克、葱50克、姜50克

调　　料｜豆酱30克、花生酱30克、味精3克、白糖5克、绍酒10克、胡椒粉1克、
　　　　　香麻油3克、鸡油50克

制作流程◎宰杀整鸡→切制配料→腌制→摆入砂锅→焗制→砍件→摆盘→成菜

制 作 步 骤

❶ 先将三黄鸡整鸡宰杀拔毛，去除内脏、淤血、细毛并清洗干净待用；

❷ 将姜洗净去皮切成片，葱洗净切成葱段，白膘肉切成薄片，豆酱取豆粒压制成豆酱泥，芫荽洗净并将头与叶分开待用；

❸ 取1个小碗，调入适量豆酱、花生酱、味精、绍酒、胡椒粉、香麻油、白糖搅拌均匀，涂抹在鸡里外全身，腌制30分钟；

❹ 将葱段、姜片、芫荽头塞入鸡腹中，并把腌制的汤汁灌入鸡腹中待用；

❺ 取1个砂锅，用竹箆片垫底，先铺上白膘肉片，放上腌制好的鸡，再将鸡油从锅边淋入，加盖用湿布封边；

❻ 先用中火烧沸，再转文火焗25分钟至熟透；

❼ 将鸡稍放凉后，取出整鸡，将鸡骨砍成块铺在盘底，再把鸡肉切成小块铺上，摆成整鸡的造型，淋入原汁，放上芫荽叶即成。

菜 肴 知 识

1. 放入鸡汤时注意要从鼎边淋上，不可把鸡身上的调味料淋走；

2. 焗制时要注意火候不可太大，否则会煳底；

3. 焗制时中途不可加水，否则会影响成品质量。

第六章　焗

豆酱焗蟹

主　　料 | 膏蟹2只（大只，共约1 000克）

辅　　料 | 蒜头肉200克、洋葱75克、姜50克、葱50克、芫荽100克、白膘肉150克

调　　料 | 普宁豆酱15克、花生酱10克、味精3克、胡椒粉0.5克、香麻油2克、鸡油50克

制作流程◎宰杀膏蟹→切制配料→摆入砂锅→焗制→成菜

制 作 步 骤

❶将膏蟹宰杀后刷洗干净，去壳去腮，斜刀顺着蟹骨纹切成块状，洗净后盛入碗中加入清水浸泡待用；

❷普宁豆酱取豆粒压制成豆酱泥，并将其与花生酱盛入碗中，加入适量味精、胡椒粉、香麻油搅拌均匀，调成糊状待用；

❸将蒜头肉去头尾，洋葱洗净切成块，姜洗净切成姜片，葱洗净切成葱段，芫荽洗

净，白膘肉切成片待用；

❹取1个砂锅，将白膘肉片先铺在砂锅里面，加入蒜头肉、洋葱块、姜片，铺上一层芫荽头，再逐块摆上膏蟹块，并依次点上豆酱泥；

❺从砂锅边淋入鸡油，加盖用文火焗制10分钟至熟透；

❻掀盖加入芫荽叶，加盖再焗10秒即成。

菜 肴 知 识

1. 螃蟹因其骨头纹理为斜状，因此要斜刀顺着骨纹切，食用时才不会扎嘴；

2. 芫荽头的味道最浓，比叶子味道浓郁数倍；

3. 普宁豆酱会偏咸，要控制好咸度；

4. 螃蟹宰杀后需用清水浸泡防止氧化发黑。

菜肴特点 | 咸香鲜嫩

干焗蟹塔

主　　料｜鲜蟹肉400克、虾肉200克

辅　　料｜熟蟹壳9个、白膘肉15克、韭黄15克、火腿肉5克、荸荠肉15克、鸡蛋清35克

调　　料｜精盐2.5克、味精2克、胡椒粉1克、香麻油3克、特级生粉20克、面粉30克、花生油1 000克（耗50克）、橘油10克

制作流程◎制作虾胶→切制配料→调制馅料→制作蟹塔→炊制→炸制→焗制→摆盘→成菜

制作步骤

❶将虾肉去掉虾肠并洗净吸干水分，放于砧板上，剁成小粒后用刀背拍成蓉胶状，盛入碗中，调入适量精盐、味精、鸡蛋清，搅拌均匀并摔打成虾胶待用；

❷烧鼎下油，油温120℃下入火腿肉，炸至熟透且香味尽出，捞出待用；

❸将火腿肉、白膘肉、韭黄、荸荠肉均切成末，韭黄末与荸荠末挤干水分，与鲜蟹肉一起盛入虾胶中，轻力顺同个方向搅拌均匀待用；

❹将熟蟹壳用剪刀剪成2瓣，再修剪成直径约为3.5厘米的圆状，每个取28克馅料，底部粘上特级生粉，酿于蟹壳上并修成圆锥形，呈塔状；

❺将制好的蟹塔放入炊笼，炊制6分钟取出，蟹塔表面逐个撒上薄干面粉待用；

❻烧鼎下油，油温150℃下入蟹塔，炸至表皮金黄酥脆捞出（或放入焗炉焗香）；

❼烧鼎调入适量香麻油、胡椒粉，文火炒香后关火，将蟹塔轻轻倒入鼎中，文火翻炒均匀盛出装盘；

❽配以橘油1碟即成。

菜肴知识

1. 蟹肉比较松散，难以成胶，需借助虾肉的黏性使其呈蓉胶状；

2. 蟹塔需够挺立，以呈塔状；

3. 炸制时要注意火候控制，要呈现金黄色但不可过火。

菜肴特点｜金黄酥香，鲜嫩且有口感

干焗虾枣

主　　料｜鲜虾 1 000 克

辅　　料｜白膘肉 15 克、韭黄 15 克、火腿肉 5 克、荸荠肉 15 克、芫荽 20 克、面粉 40 克、鸡蛋清 35 克

调　　料｜精盐 4 克、味精 2 克、胡椒粉 0.5 克、香麻油 2 克、川椒末 3 克、花生油 1 000 克（耗 50 克）、橘油 10 克

制作流程◎制作虾胶→切制配料→调制馅料→挤制→炸制（焗制）→装盘→成菜

制作步骤

❶将鲜虾去头壳、虾肠洗净并吸干水分，放在砧板上打成虾蓉，调入适量精盐、味精、胡椒粉，捧打至起胶待用；

❷将火腿肉、白膘肉、韭黄、荸荠肉均切成末，韭黄末、荸荠末挤干水分待用；

❸取 1 个小盆，盛入虾胶、火腿肉末、白膘肉末、韭黄末、荸荠末、川椒末、面粉、鸡蛋清搅拌均匀待用；

❹烧鼎下油，油温 120℃，把馅料抓于手掌中，利用虎口呈枣形挤出，使得馅料呈枣形，逐粒下入油锅中，炸至金黄色，捞起再转猛火升高油温至 180℃，下入虾复炸至金黄酥脆（或放入焗炉焗香）捞出；

❺烧鼎调入适量胡椒粉、香麻油，开文火炒香后关火，加入虾枣略炒，摆在盘中放上芫荽叶；

❻配以橘油 1 碟即成。

菜肴知识

1. 荸荠切完要挤干水分，防止水分过多；

2. 挤馅料时，要形成枣状，且大小均匀；

3. 如来不及炸制，可先将馅料挤在花生油中，再统一进行炸制。

菜肴特点｜外脆里嫩，爽滑咸鲜

干焗虾筒

主　　料｜鲜虾（大只）1 000克

辅　　料｜白膘肉50克、火腿肉20克、湿香菇50克、荸荠肉50克、面包糠200克、
　　　　　鸡蛋3个、芹菜茎20克

调　　料｜精盐4克、味精3克、绍酒10克、胡椒粉1克、香麻油4克、特级生粉50
　　　　　克、花生油1 000克（耗50克）、橘油10克

制作流程◎制作虾片→腌制→切制配料→卷制→炸制→焗制→装盘→成菜

制作步骤

❶将鲜虾去头壳尾，背部划开一刀，去除虾肠后用刀背轻拍，使虾成片；

❷将虾片吸干水分，盛入碗中并调入适量精盐、味精、胡椒粉、绍酒，腌制10分钟待用；

❸白膘肉、火腿肉煮至熟透，与湿香菇、荸荠肉一并切成丝，芹菜茎切成段待用；

❹将虾片平铺至盘中，横向依次放上白膘肉丝、火腿肉丝、香菇丝、芹菜段、荸荠丝，从尾部向头部卷起来；

❺碗中打入鸡蛋并搅拌均匀待用；

❻烧鼎下油，油温120℃，将虾筒依次拍上特级生粉、裹上鸡蛋液与面包糠，下入油锅中用文火浸炸，炸至熟透浮起且金黄酥脆（或放入焗炉焗香）捞出；

❼装入盘中，配以橘油1碟即成。

菜肴知识

此菜肴为新派做法，裹上鸡蛋液后再裹上面包糠，以此增加菜肴的外观色泽及酥脆口感。

菜肴特点｜外脆里嫩，口感丰富

咸蛋黄焗虾

主　　料｜鲜对虾500克

辅　　料｜咸蛋黄4粒、芫荽15克、葱5克、姜15克

调　　料｜精盐2.5克、味精2克、胡椒粉0.5克、香麻油2克、绍酒10克、花生油
　　　　　1 000克（耗50克）

制作流程◎处理对虾→切制配料→腌制→炸制对虾→炊制蛋黄→焗制→装盘→成菜

制 作 步 骤

❶将对虾背部开一刀，去除虾肠和虾囊，清洗干净并吸干水分待用；

❷姜、葱洗净拍烂挤出姜葱汁，芫荽洗净沥干水分切成末待用；

❸对虾盛入碗中，调入适量味精、精盐、胡椒粉、香麻油、姜葱汁、绍酒抓拌均匀腌制3分钟；

❹烧鼎下油，油温180℃下入腌好的对虾，炸至熟透且酥脆捞出；

❺将咸蛋黄放入炊笼中炊至熟透取出，放于砧板上用刀压碎待用；

❻烧鼎润油，下入咸蛋黄，炒至融化，加入芫荽末、对虾，调入适量胡椒粉、香麻油，略炒片刻装盘即成。

菜 肴 知 识

咸蛋黄不宜炒太过火，否则影响风味，炒至融化至起泡即可。

菜肴特点｜咸香醇郁

菜肴特点 | 咸香浓郁，牛油香味突出

牛油焗大草虾

主　　料 | 大草虾8只（约800克）

辅　　料 | 马苏里拉芝士碎80克、牛油30克、咸蛋黄2个、柠檬半个、炼乳15克

调　　料 | 沙拉酱150克、芥末酱5克、精盐2克、味精2克、绍酒10克

制作流程 ◎制作咸蛋黄末→调制酱汁→切制草虾→腌虾→酿酱→焗制（烤制）→装盘→成菜

制 作 步 骤

❶将咸蛋黄放入炊笼炊制8分钟至熟，取出后放于砧板上碾碎并剁成末待用；

❷碗中挤入柠檬汁，加入蛋黄末、牛油、沙拉酱、芥末酱、炼乳、40克马苏里拉芝士碎，搅拌均匀成酱汁待用；

❸将大草虾在背部划开后去除虾肠、虾囊，洗净沥干水分，放于砧板上，在虾肉面横向剞上花刀；

❹将草虾盛入碗中，调入适量精盐、味精、绍酒，搅拌均匀腌制3分钟待用；

❺将草虾沥干水分，逐条酿上酱汁并摆入盘中，撒上剩余的芝士碎；

❻将草虾放入烤箱，调至上火200℃，下火150℃，烤制20分钟至熟透且表面呈金黄色，取出装盘即成。

菜 肴 知 识

草虾背部剞花刀使虾肉不易卷缩，保持挺直造型。

焗袈裟鱼

主　　料｜石斑鱼1条（约1 000克）、虾胶300克、猪网油200克

辅　　料｜白膘肉15克、鸡蛋2个、火腿肉30克、荸荠肉50克、湿香菇50克、芫荽20克

调　　料｜精盐4克、味精2克、胡椒粉1克、香麻油4克、唥汁20克、特级生粉30克、花生油1 000克（耗50克）、橘油10克

制作流程◎处理石斑鱼→切制配料→卷制→炊制→炸制（焗制）→装盘→成菜

制 作 步 骤

❶宰杀石斑鱼并清洗干净，取出2瓣鱼柳，鱼肉片成双飞薄片待用；

❷猪网油漂水10分钟，并洗净沥干水分待用；

❸白膘肉切成末，火腿肉、荸荠肉、湿香菇均切成片，芫荽切成段待用；

❹烧鼎下油，油温120℃下入鱼片拉油片刻倒出，再将鱼片回鼎，调入适量唥汁快炒倒出待用；

❺鸡蛋炊熟剥去蛋壳，取蛋白切成片，虾胶盛入碗中调入适量精盐、味精，加入白膘肉末，搅拌均匀并摔打至起胶待用；

❻将猪网油摊开成约8厘米×16厘米的长方形状，酿上一层薄虾胶，横向中间铺上一层鱼片，在鱼片上再次酿上一层虾胶，再依次摆上火腿肉片、荸荠片、香菇片、蛋白片；

❼将猪网油卷起来，用特级生粉封口，放入炊笼中炊制10分钟取出；

❽烧鼎下入胡椒粉、香麻油，文火略炒成胡椒油待用；

菜肴特点｜色彩丰富，外脆里香

❾烧鼎下油，油温180℃，在袈裟鱼条上撒上一层特级生粉，下入油锅中炸制片刻（或放入焗炉焗香）捞出；

❿将袈裟鱼切成长约3厘米的块状，摆入盘中，淋上胡椒油，并配以芫荽、橘油各1碟即成。

菜 肴 知 识

菜肴因猪网油外观酷似袈裟而得名。

茶香焗围虾

主　料｜基围虾500克

辅　料｜茶叶（凤凰单丛茶）25克、姜40克、葱40克、红辣椒10克

调　料｜精盐3克、味精2克、胡椒粉0.5克、绍酒10克、椒盐粉3克、蒜香粉4克、
香麻油3克、特级生粉20克、花生油1 000克（耗50克）

制作流程◎泡发茶叶→切制原料→处理对虾→腌制→炸制→茶叶焗虾→装盘→成菜

制作步骤

❶将茶叶盛入碗中，下入开水浸泡片刻，再沥干水分加入特级生粉拌匀待用；

❷将姜、葱洗净，取一半拍碎，加入绍酒挤出姜葱汁，盛入碗中待用；

❸将另一半姜去皮洗净切成菱形片，葱洗净切成段，红辣椒洗净切成菱形片待用；

❹将基围虾切去虾须，用刀在腹部或背部划开一刀，盛入碗中并调入适量姜葱汁、绍酒、味精、精盐、胡椒粉、香麻油，腌制3分钟待用；

❺烧鼎下油，油温150℃下入腌好的基围虾，炸至熟透且酥脆捞出，再下入茶叶炸至酥脆捞起待用；

❻烧鼎润油，下入姜片、葱段、红辣椒片，略炒片刻后再加入炸好的虾和茶叶，调入适量椒盐粉、蒜香粉、香麻油，猛火翻炒均匀盛入盘中即成。

菜肴知识

1. 茶叶使用潮州凤凰单丛茶，茶香味浓郁，凸显潮州茶特色；
2. 茶叶要泡足够开，才能更好地激发茶香味；
3. 炸制时要注意火候，要酥脆且不可过火。

菜肴特点｜外皮酥脆，咸香美味，茶香味突出

茶香莲子

主　　料｜鲜莲子500克
辅　　料｜龙井茶100克
调　　料｜特级生粉50克、白糖100克、花生油1 000克（耗50克）

制作流程◎焯水→滑油→焗制→返沙→装盘→成菜

制 作 步 骤

❶将鲜莲子去除莲子心，烧鼎下水，水开下入莲子焯水片刻，捞出洗净控干水分待用；

❷烧鼎下油，油温150℃下入莲子滑油片刻捞出撒上特级生粉待用；

❸烧鼎下入适量清水、白糖、50克龙井茶，熬至茶味尽出，加入莲子用文火焗制

5分钟使其入味捞出；

❹余下龙井茶叶用搅拌机打成茶粉待用；

❺烧鼎下入适量清水、白糖，熬至糖浆浓稠大泡转小泡（约125℃）下入茶粉、莲子，关火快速搅拌均匀，使糖浆表面冷却成形，装盘即成。

菜 肴 知 识

鲜莲子焯水可去除土腥味与苦涩味，滑油可使其表皮坚硬不易粉烂。

菜肴特点｜外脆里粉、茶香突出

第七章　煮

煮，指将食物原料放入滚开的清水或汤汁中，经过稍短时间加热制熟的烹饪技法。

潮州菜菜肴讲究原味，食材在滚开的水或汤汁中加热制熟，这一烹饪方法能最大程度地保留食材的本味，让食材保持鲜嫩风味。在潮州菜中，为尽量保留食材本味，许多菜肴都会用到煮制的烹饪技法。

煮在潮州菜中可分为生煮、勾芡煮、白灼三类。

1. 生煮：指将食材放入清水或汤汁中经过稍长时间的加热，只加入适量调味料和配料，如"煮粿条汤""煮麦猴汤"等；

2. 勾芡煮：指将食材放入清水或汤汁中经过稍长时间的加热，加入适量调味料和配料，并加入生粉水勾芡成糊状或制成羹，如"护国菜""潮州蚝爽"等；

3. 白灼：指将食材放入调好味的清汤中焯水制熟，食材经过白灼至熟后蘸上酱料食用，此类主要食用食材本味，如"白灼鱿鱼""白灼大虾"等。

在煮制时要注意以下要点：

1. 根据不同食材的耐煮程度，先后下入食材进行煮制，保证最终制熟的时间一致；

2. 煮制考究火候的掌握，需根据不同食材的特性调节火力的大小。

菜肴特点｜造型美观，爽滑咸鲜

太极护国菜

主　　料｜地瓜叶（番薯叶）1 000克、鸡胸肉150克、猪
　　　　　皮（40厘米×40厘米）1张
辅　　料｜干草菇20克、火腿肉20克、鸡蛋清50克
调　　料｜鱼露4克、精盐2.5克、味精2克、胡椒粉0.5
　　　　　克、香麻油2克、生粉水50克、食用碱3克、
　　　　　上汤1 000克、猪油100克、鸡油100克

制作流程 ◎处理原料→剁成蓉状→煮制→盛入汤碗→勾芡
→制作鸡蓉羹→制作太极状→成菜

❶ 先将地瓜叶摘去叶茎取嫩叶并洗净，干草菇冷水泡发并切成末，火腿肉切成末待用；

❷ 将鸡胸肉放在猪皮上（背面朝上）剁成蓉，盛入碗中加入鸡蛋清，并搅拌均匀待用；

❸ 烧鼎下水，加入少量食用碱，水开加入地瓜叶焯水捞起，放于水龙头下漂水10分钟，再沥干水分；

❹ 猪皮放在砧板上（背面朝上），放上地瓜叶，用刀轻剁成蓉状；

❺ 烧鼎润猪油，下入干草菇末炒香，再加入地瓜叶蓉炒香，加入上汤煮开，调入适量精盐、味精、胡椒粉，并调校味道，盛入汤碗中；

❻ 烧鼎润鸡油，下入少量上汤，调入适量生粉水勾成薄芡，加入鸡胸肉蓉，调入适量味精、鱼露、香麻油，并调校味道，加入适量鸡油，淋在菜羹上面呈太极状，用汤匙分别点上太极眼（一白一绿），再撒上火腿肉末即成。

菜 肴 知 识

1. 此菜肴突出潮州菜粗菜细做、素菜荤做的特色；

2. 传说此菜肴乃宋代皇帝赵昺逃荒至潮汕地区的一座寺庙，由于物资匮乏加上战乱，寺庙中僧人无物可接待皇帝，于是便从后山上采摘了野菜叶制成菜羹给皇帝吃，由于皇帝逃避战乱已经很多天没有进食，吃过此菜肴后觉得非常饱腹，更觉是救了他的命，于是便给此菜肴取名"护国菜"；

3. 放猪皮在砧板上剁地瓜叶蓉，既可使地瓜叶吸收猪皮的油脂，又可防止地瓜叶汁沾染砧板（较难清洗）；

4. "打太极"时，要一勺连贯，勺压至菜羹内，顺着盘边倾斜倒。

潮州蚝仔爽

主　　料｜小生蚝300克

辅　　料｜地瓜粉80克、蒜苗20克、芹菜茎20克

调　　料｜鱼露20克、味精2克、胡椒粉1克、猪油50克、上汤300克

制作流程◎清洗生蚝→切制配料→煮制→调味→勾芡→盛入汤碗→成菜

制作步骤

❶先将小生蚝放于清水中洗净，并沥干水分盛入碗中待用；

❷地瓜粉中下入清水，抓拌至无颗粒状；

❸蒜苗、芹菜茎均洗净，蒜苗切成粒，芹菜茎切成末待用；

❹烧鼎下水，煮至80℃（蟹目水）下入生蚝烫制片刻捞出；

❺烧鼎润猪油，下入蒜苗粒爆香，再加入上汤，煮开后调入适量鱼露、味精、胡椒粉，并调校味道；

❻开文火加入地瓜粉水勾芡，边加入边搅拌成羹状；

❼加入生蚝，煮制片刻盛入汤碗中，撒上芹菜末；

❽配以鱼露加胡椒粉1碟即成。

菜肴知识

生蚝需配以鱼露调味，以增加鲜甜度。

菜肴特点｜鲜甜，爽口，嫩滑

猪杂粿条汤

主　　料｜猪腰50克、猪肝50克、猪粉肠50克、猪肉饼50克
辅　　料｜陈米50克、芹菜茎15克
调　　料｜鱼露8克、味精2.5克、胡椒粉0.5克、香麻油2克、上汤500克、蒜头朥
　　　　　10克、沙茶酱10克

制作流程◎制作粿条→切制原料→调味（打碗脚）→煮制→盛入汤碗→成菜

制 作 步 骤

❶选用1年的陈米，加入山泉水清洗一遍，并下入适量山泉水浸泡2小时，再将陈米沥干水分，倒入磨浆机（或破壁机）中，按照1：3的比例，加入3倍量的山泉水磨成米浆；

❷肠粉机水开上汽，取出炊屉并刷上一层薄油，将米浆搅拌均匀，舀入炊屉中，厚度约为5毫米，放入炊屉炊制2分钟；

❸取出炊屉，用刮板刮四周使粿条与炊屉边缘不粘连，再轻取出整片粿条，摊开晾凉，并将粿条切成宽0.5厘米的条，成粿条待用；

❹猪腰切成厚片后剞上花刀，猪肉饼与猪肝均切成薄片，猪粉肠切成段，芹菜茎切成末待用；

❺取1个大碗，调入适量鱼露、味精、胡椒粉、香麻油（俗称打碗脚）待用；

❻烧锅下入上汤，煮开加入粿条烫软捞出，盛入大碗中；

❼烧锅加入上汤、猪杂，煮制3分钟至熟，连汤一同盛入大碗中，撒上芹菜末、蒜头朥，配以沙茶酱1碟即成。

菜 肴 知 识

打碗脚，即把调料放入碗中，再冲烫进开水或无味汤汁，好处是锅中汤水的味道也不会随着水蒸气的蒸发而变得越来越重，有利于控制调味。

菜肴特点｜嫩滑咸鲜

白玉鱼唇羹

主　　料 | 鲩鱼头1个（约600克）

辅　　料 | 嫩豆腐300克、姜20克、葱20克、芹菜15克、鲜草菇30克、鸡蛋清35克、冰水1 500克

调　　料 | 鱼露8克、精盐2克、味精3克、胡椒粉0.5克、香麻油2克、绍酒10克、上汤800克、生粉水30克、花生油30克

制作流程 ◎ 处理配料→炖制鱼头→取鱼头肉→切制配料→煮制→调味→盛入汤碗→成菜

制 作 步 骤

❶ 将姜去皮洗净切成片，葱洗净切成段并轻拍烂，芹菜洗净沥干水分，嫩豆腐切成丁，芹菜切成末，鲜草菇切成片状待用；

❷ 鲩鱼头去鳃去鳞并切成2瓣，洗净盛入盘中，加入姜、葱、绍酒、精盐、味精，放入炊笼中炊制8分钟至熟取出；

❸ 将炊熟的鱼头即刻放入冰水中，轻轻拆去鱼骨，取出鱼头肉待用；

❹ 烧鼎加入上汤、鱼头肉和豆腐粒，文火煮透再加入草菇片，调入适量鱼露、味精、胡椒粉、香麻油，并调校味道，再加入生粉水勾芡成羹状，加入包尾油；

❺ 泼入1个打匀的鸡蛋清，盛入汤碗中，撒上芹菜末即成。

菜 肴 知 识

鱼头炊熟时即放入冰水中降温，利用热胀冷缩的原理，使鱼肉迅速定形，有利于脱骨。

菜肴特点 | 清甜嫩滑

秋瓜麦猴汤

主　　料｜全麦粉300克、丝瓜（秋瓜）500克、猪瘦肉末50克
辅　　料｜草菇50克、胡萝卜50克、冬菜6克
调　　料｜鱼露6克、味精2克、胡椒粉0.5克、香麻油2克、蒜头朥10克、上汤800克

制作流程◎制作麦饼→切制原料→煮制→调味→盛入汤碗→成菜

制 作 步 骤

❶将麦粉盛入碗中，加入清水搅拌均匀，并揉搓成麦饼；

❷丝瓜去皮洗净，片开后去掉瓜瓤，并切成长方形片状；

❸草菇洗净切成小片，胡萝卜去皮洗净切成笋花状，猪瘦肉末盛入碗中加入少量上汤搅拌均匀待用；

❹烧锅下入上汤，烧开将麦饼压平，逐块捻进锅中（也称捻麦猴）；

❺再下入丝瓜、草菇、胡萝卜、打散的肉末，加盖煮制5分钟至熟；

❻麦猴浮起后调入适量鱼露、味精、胡椒粉、香麻油、冬菜，并调校味道，盛入汤碗中，淋上蒜头朥即成。

菜 肴 知 识

麦猴乃潮汕特色，麦指麦粉，猴指煮熟后的麦块凹凸不平（潮州话叫猴猴）。

菜肴特点｜咸鲜，富有麦香

菜肴特点｜爽脆可口，酸辣开胃

锅仔酸菜鳗鱼

主　　料｜鳗鱼750克

辅　　料｜木耳100克、金针菇100克、魔芋丝结100克、柠檬50克、番茄50克、葱
10克、鲜花椒15克、酸菜150克、酸梅10克、泡椒15克、鸡蛋清35克

调　　料｜鱼露5克、精盐2克、味精2克、胡椒粉0.5克、香麻油2克、鸡汁5克、酸
辣汁5克、酸梅汁10克、生粉水10克、上汤600克、花生油30克、豆酱
10克

制作流程◎处理原料→煮制→调味→盛入锅仔→锅仔加热→成菜

制 作 步 骤

❶宰杀鳗鱼，用温开水烫制片刻，刮去表面黏液并洗净，取出鳗鱼肉，将鳗鱼肉斜刀切成片，吸干水分后盛入碗中，调入适量精盐、味精、胡椒粉、鸡蛋清、生粉水抓拌均匀，并下入一小勺花生油锁味待用；

❷泡发木耳，金针菇去掉根部并清洗干净，酸菜洗净斜刀切成片，柠檬、番茄均洗净切成小块，葱洗净切成葱花待用；

❸烧鼎润油，下入酸菜爆香，加入上汤，煮开下入木耳、金针菇、魔芋丝结，煮至熟透捞出盛入锅仔中；

❹将鳗鱼逐片加入汤中，煮至熟透捞出铺于配菜上；

❺汤汁调入适量鱼露、味精、胡椒粉、香麻油、鸡汁、酸辣汁、泡椒、酸梅、酸梅汁，并调校味道，倒入锅仔中，撒上葱花、鲜花椒；

❻烧鼎下入少量花生油，油温烧至200℃炝香葱花、花椒；

❼将锅仔放于明炉上，文火慢煮加热配以豆酱1碟即成。

菜 肴 知 识

野生鳗鱼肉质较为爽脆，饲养鳗鱼肉质较为鲜嫩。

锅仔鸡腰鱼云

主　　料｜鸡腰300克、草鱼头500克

辅　　料｜姜20克、葱20克、芹菜15克、胡萝卜50克、内酯豆腐200克、冰水1 500克

调　　料｜精盐5克、味精2克、胡椒粉0.5克、香麻油2克、上汤800克、绍酒20克、
　　　　　花生油30克

制作流程◎切制原料→炊制鱼头→调味→煮制→盛入锅仔→锅仔加热→成菜

制 作 步 骤

❶将姜去皮洗净切成片，葱洗净切成段并轻拍烂待用；

❷将鸡腰挑去外膜和血管洗净待用；

❸将草鱼头去鳃去鳞切成2瓣，洗净盛入盘中，加入姜、葱、精盐、味精、绍酒，放入炊笼中炊制8分钟取出；

❹将炊熟的鱼头即刻放入冰水中，轻轻拆去鱼骨，取出鱼头肉待用；

❺内酯豆腐切成大粒，芹菜洗净切成段，胡萝卜去皮洗净切成笋花状待用；

❻烧鼎润油，下入上汤、鸡腰、鱼头肉、胡萝卜，煮开加入豆腐粒，调入适量精盐、味精、香麻油，并调校味道；

❼煮制2分钟，倒入锅仔中，撒上胡椒粉和芹菜段；

❽将锅仔放于明炉上，开文火慢煮加热即成。

菜 肴 知 识

鸡腰具有滋养肌肤、补肾壮阳、强腰止痛的食补作用。

菜肴特点｜鲜嫩爽滑

菜肴特点｜造型美观，汤清味鲜

什锦冬瓜盅

主　　料｜大冬瓜半个

辅　　料｜鲜鸡肫50克、鲜蟹肉50克、鲜虾肉100克、鲜鱿鱼100克、鲜草菇50克、胡萝卜50克、鲜莲子50克、芹菜15克、熟火腿肉8克、干贝30克

调　　料｜精盐4克、味精2克、胡椒粉0.8克、香麻油2克、上汤1 000克、二汤1 000克

制作流程◎雕刻冬瓜盅→煮制冬瓜盅→切制原料→煮制什锦汤→盛入冬瓜盅→炆制→成菜

制作步骤

❶ 将大冬瓜去瓤洗净，在盅口及四周雕刻上花纹，下入开水中浸泡10分钟待用；

❷ 冬瓜沥干水分，放入大碗中使其竖立，冬瓜内盛入二汤并调入适量精盐，放入"热得快"加热棒煮制1小时至冬瓜肉软烂待用；

❸ 鲜鸡肫、鲜虾肉、鲜鱿鱼、鲜草菇、均切成丁，胡萝卜去皮洗净切成笋花状，鲜莲子去心开成2瓣，芹菜取茎切成末，熟火腿肉切成末待用；

❹ 干贝盛入碗中，下入少量上汤，放入炊笼中炆制20分钟至软烂取出；

❺ 烧鼎下入上汤，加入鲜蟹肉、鲜鸡肫、鲜虾肉、鲜鱿鱼、鲜草菇、鲜莲子、炆制好的干贝、干贝原汤、胡萝卜，调入适量精盐、味精、胡椒粉、香麻油，并调校味道。

❻ 将软烂的冬瓜中的"热得快"取出，倒出汤汁，并加入什锦汤，放入炊笼中炆制20分钟至熟透；

❼ 取出撒上芹菜末、熟火腿肉末即成。

菜肴知识

"热得快"需选用可加热食品级材质的，用"热得快"煮制冬瓜，可使冬瓜肉熟透软烂，而外皮仍保持翠绿坚硬。

玉盏蟹黄燕

主　　料｜大膏蟹3只（约1 500克）、大冬瓜半个、燕窝50克
辅　　料｜姜20克、葱30克、熟火腿肉20克
调　　料｜精盐15克、味精4克、绍酒10克、胡椒粉0.8克、香麻油2克、上汤1 000
　　　　　克、二汤1 000克

制作流程◎雕刻冬瓜盅→煮制冬瓜盅→处理原料→调制上汤→盛入冬瓜盅→炊制→成菜

❶大冬瓜去瓤洗净，在盅口及四周雕刻上花纹，下入开水中浸泡10分钟待用；

❷冬瓜沥干水分，放入大碗中使其竖立，装入二汤并调入适量精盐，放入"热得快"煮制1小时至冬瓜肉软烂；

❸姜洗净切成片，葱洗净取2/3切成段，1/3切成粒，熟火腿肉切成末待用；

❹将大膏蟹宰杀后刷洗干净，盛入盘中，放入姜片、葱段、绍酒，放入炊笼中炊制20分钟至熟透，取出晾凉后取出蟹肉与蟹黄待用；

❺燕窝提前一天浸泡清水（需用纯净水），并挑去杂毛；

❻烧鼎下入上汤，煮开调入适量精盐、味精、胡椒粉、香麻油；

❼将软烂的冬瓜中的"热得快"取出，倒出汤汁，并加入调好的

菜肴特点｜造型美观，粗料与高档料相结合

上汤，再加入蟹黄、蟹肉和燕窝，放入炊笼中炊制20分钟至热透；

❽取出撒上葱粒、火腿肉末即成。

菜肴知识
连同冬瓜肉一起食用，可丰富菜肴的口感。

鸡蓉辽参

主　　料｜水发辽参8条（约500克）

辅　　料｜猪骨400克、猪皮200克、五花肉300克、老鸡300克、火腿肉10克、鸡胸肉200克、鸡蛋清35克、姜20克、葱20克

调　　料｜鱼露6克、味精2克、胡椒粉0.5克、香麻油2克、绍酒20克、生粉水10克、上汤200克、鸡油30克、花生油30克

制作流程◎切制配料→炸制→制作浓汤→烩制海参→炊制→勾芡→淋芡→成菜

制 作 步 骤

❶将水发辽参去除内脏并清洗干净，下入锅中，加入清水和姜、葱，调入适量绍酒，水开焯水3分钟捞出待用；

❷猪骨、猪皮、五花肉、老鸡均砍成小块，洗净并控干水分待用；

❸烧鼎下油，油温150℃下入猪骨、猪皮、五花肉、老鸡炸至金黄上色捞出；

❹砂锅加入猪骨、猪皮、五花肉、老鸡、清水，煮开熬至汤汁浓郁，下入辽参用文火煮制20分钟至入味捞出，并盛入盘中

用保鲜膜包裹后放入炊笼中炊制10分钟待用；

❺烧鼎下油，油温150℃下入火腿肉炸至金黄色捞出，切成末待用；

❻鸡胸肉放入搅拌机中，加入上汤搅拌成细蓉；

❼烧鼎润鸡油，下入鸡胸肉蓉、鸡蛋清，调入适量鱼露、味精、胡椒粉、香麻油，并调校味道，再加入生粉水勾薄芡，加入包尾油，淋在辽参上，撒上火腿肉末即成。

菜 肴 知 识

海参喜好肉味，需借助浓汤的肉香味来煮制海参。

菜肴特点｜软烂咸鲜，色泽洁白

第八章　炖

炖，指将食物原料放置于清水或汤汁中，经过长时间加热制熟的烹饪技法。

潮州菜非常重视炖汤菜肴，讲究食疗养生、医食同源，炖汤乃是较好的体现形式，为此潮州菜师傅研发出许多滋补养生炖汤，如"药膳炖乳鸽""养生工夫汤"等。

炖在潮州菜中可分为隔水炖（蒸气炖）、砂锅炖等类型。

1. 隔水炖（蒸汽炖）：即通过水煮或炊制的方式，对炖盅外围进行加热，使盅内的食材长时间慢加热制熟的烹饪过程。此类方法能较好地锁住食材味道及营养，让食材的滋味和营养慢慢溶解于汤汁中，达到汤鲜肉嫩的效果，如"隔水炖土鸡""隔水炖羊肉"等；

2. 砂锅炖：即将食材及水直接投入砂锅中，经过文火长时间慢加热制熟的过程。此类方法则利用砂锅的保温性和导热性，使食材能更好地渗出味道，让不同的食材得以结合，丰富汤汁的风味，如"石橄榄炖猪肺""红炖牛杂"等。

在炖制菜肴的过程中，要注意以下要点：

1. 一般情况下不可先加盐，因为盐分会使肉的纤维收缩，阻碍蛋白质的渗出，影响汤汁的风味；

2. 文火慢炖，炖制过程菜肴应遵循先用猛火煮开，随即转文火慢加热的流程，因为文火炖制既能使食材的味道和营养充分溶解，也有利于保持食材的形状，不会因过度加热而软烂；

3. 炖制时间要足，汤水要烫嘴，这样才能使汤汁更加鲜美，食材味道及营养充分溶解。喝汤时讲究汤汁温度要在80℃以上，有"一烫顶三鲜"的说法。如若温度不足，没有达到烫嘴的效果，在潮州人的眼中则是不合格的汤汁，极大影响了汤汁的质量。

红炖牛杂

主　　料｜鲜牛肚400克、鲜牛腩400克、鲜牛筋400克

辅　　料｜姜30克、葱30克、香叶10克、甘草20克、川椒15克、八角20克、陈皮15克、桂皮40克、辣椒干20克、南姜800克、芫荽50克、南姜麸（末）10克

调　　料｜生抽50克、老抽10克、绍酒100克、红糖100克、白醋10克、鸡汁10克、纯净水2 000克

制作流程◎清洗牛杂→焯水→切制→炒制香料→盛入砂锅→调味→炖制→成菜

菜肴特点｜软烂入味，咸香浓郁

❶鲜牛腩去除多余的筋膜，鲜牛肚下入石灰水清洗干净，去除表面黑色的黏膜与多余的油脂；

❷烧鼎下水，冷水下入整条鲜牛腩、鲜牛肚、鲜牛筋，加入姜、葱、绍酒，焯水至血水尽出，捞出洗净待用；

❸牛腩逆纹切成厚约6毫米的片，牛肚切成约3厘米×6厘米的长条状，牛筋切成长约6厘米的段，南姜洗净砍成块，芫荽头洗净待用；

❹烧鼎下入所有香料（香叶、甘草、川椒、八角、陈皮、桂皮、辣椒干），用文火慢炒至出香味，装入煲汤袋中待用；

❺取1个砂锅，下入纯净水、香料袋、南姜、芫荽头，调入适量生抽、老抽、鸡汁、红糖，加盖用猛火煮开，再转中火煮10分钟至出香味；

❻加入牛肚、牛筋加盖炖制30分钟；

❼掀盖加入牛腩，继续炖制1小时；

❽捞出香料袋及其他配料，倒出牛腩、牛肚、牛筋，摆入汤碗中，加入原汤，点缀上芫荽叶，配以南姜醋［南姜麸（末）＋白醋］1碟即成。

菜肴知识

1. 可用石灰水清洗牛肚，去除其表面黑色黏膜及腥臭味，或用精盐、面粉、陈醋、小苏打等清洗；

2. 牛肚与牛筋炖制时间稍长，不可与牛腩一同下锅。

菜肴特点│药膳味突出，具有食疗养生的功效

药膳炖乳鸽

主　　料│乳鸽2只

辅　　料│黄芪20克、党参20克、枸杞10克、姜20克、葱20克

调　　料│精盐4克、味精2克、绍酒20克、纯净水1 000克

制作流程◎宰杀乳鸽→处理药膳→焯水→盛入炖盅→炖制→调味→成菜

制作步骤

❶宰杀乳鸽，去除内脏和细毛，砍去脚爪与翅尖，并刺破眼睛，清洗干净待用；

❷黄芪、党参、枸杞分别浸泡冷水10分钟待用；

❸烧鼎下水，加入乳鸽、姜、葱、绍酒，焯至乳鸽无血水捞出洗净；

❹取1个炖盅，加入纯净水、乳鸽、黄芪、党参，加盖放入炊笼中炖制，炖制2小时；

❺取出掀盖，加入枸杞，调入适量精盐、味精，并调校味道，再次加热3分钟即成。

菜肴知识

1. 黄芪性甘温，具有益气固表、利水消肿的功效；

2. 党参性甘平，具有补中益气、生津止渴、健脾益肺的功效；

3. 潮州菜讲究食疗养生，鸽子性温，与两味药膳相结合，具有温中益气、利水消肿等作用，适合体质虚弱、消瘦无力者食用。

鹧鸪炖苦瓜菠萝

主　　料｜鹧鸪2只、鲜鸡脚12只
辅　　料｜苦瓜750克、菠萝肉500克、红枣24粒
调　　料｜精盐4克、味精2克、绍酒20克、上汤2 000克

制作流程◎清洗鹧鸪→切制原料→焯水→炖制→调味→成菜

制作步骤

❶ 先将鹧鸪去净细毛和内脏并清洗干净，切成均等的块状（每只约6块），鲜鸡脚洗净切成大块待用；

❷ 将菠萝肉切去菠萝心，再切成均等的厚片，苦瓜去除瓜瓤后切成约2厘米×3.5厘米的长方形块状待用；

❸ 将红枣放入冷水中浸泡1小时待用；

❹ 烧鼎下入清水，冷水下入鹧鸪、鲜鸡脚

和适量绍酒，水开焯水片刻，捞起洗净待用；

❺ 取12个小炖盅，有序下入鹧鸪、鸡脚、苦瓜、菠萝、红枣，加入上汤，封上保鲜膜后放入蒸笼炖制2小时；

❻ 取出炖盅，调入适量精盐、味精，并调校味道，再次加热5分钟即成。

菜肴知识

1. 菠萝不可选用过于成熟或不成熟的，八成熟为最佳；
2. 此菜肴不宜调入胡椒粉、香麻油。

菜肴特点｜酸甜微苦，鲜美回甘

清炖白鳝

主　　料｜白鳝1条（约600克）

辅　　料｜猪龙骨200克、潮州咸菜心75克、咸菜叶50克、五花肉100克、湿香菇30克、姜20克、葱20克、芹菜茎10克、纯净水1000克

调　　料｜精盐4克、味精2克、胡椒粉0.5克、绍酒20克

制作流程 ◎ 宰杀白鳝→焯水→切制原料→盛入炖盅→炖制→调味→成菜

制 作 步 骤

❶将白鳝宰杀后用开水烫至白鳝黏液变白后将其刮去并清洗干净；

❷烧鼎下水，下入白鳝、姜、葱、绍酒，煮开焯水片刻倒出；

❸将白鳝从背部切至2/3深度、宽度约2厘米的段（不切断白鳝，保持整条长度完整）待用；

❹猪龙骨砍成大块，五花肉切成厚片，潮州咸菜心洗净切成薄片，湿香菇去蒂，姜洗净切成块，葱洗净切成段，芹菜茎切成末待用；

❺取1个炖盅，下入白鳝铺在盅底，再加入潮州咸菜心、五花肉、猪龙骨、湿香菇，加入纯净水、盖上整片咸菜叶，加盖放入炊笼中，炖制2小时；

❻取出掀盖，挑去咸菜叶、猪龙骨、五花肉，调入适量精盐、味精，并调校味道，继续炖制3分钟；

❼上菜时撒上胡椒粉和芹菜末即成。

菜肴知识

炖汤时不宜过早下入精盐，这会阻碍白鳝蛋白质的渗出，影响汤汁风味。

菜肴特点｜汤清味鲜，软滑鲜嫩

陈皮炖花胶

主　　料｜水发花胶200克、（二十年）陈皮15克
辅　　料｜老鸡150克、杏仁5克、猪瘦肉100克
调　　料｜精盐4克、味精2克、矿泉水500克

制作流程◎切制原料→焯水→下入原料→调味→炊制（炖制）→成菜

制作步骤

❶将老鸡、猪瘦肉均切成块状并洗净沥干水分待用；

❷烧鼎下水，下入水发花胶、老鸡、猪瘦肉焯水片刻，捞出洗净待用；

❸取1个炖盅，下入老鸡、猪瘦肉、杏仁、矿泉水，调入适量精盐，封上保鲜膜，放入炊笼炊制2小时；

❹取出炖盅，撇去表面多余油分，下入花胶、陈皮，再封上保鲜膜，放入炊笼炊制1小时；

❺取出炖盅，调入适量味精即成。

菜肴知识

1. 鸡肉需选用老鸡，老鸡肉味突出且耐炖；
2. 花胶不可炖制太久，否则会过于软烂影响口感。

冬瓜清汤翅

主　　料｜小冬瓜4个（每个约1 000克）、水发鱼翅800克

辅　　料｜老鸡1 000克、猪瘦肉500克、鲜鸡脚500克 、火腿肉150克、干贝80
　　　　　克、姜20克、葱20克、芫荽150克

调　　料｜精盐4克、味精2克、绍酒20克、大红浙醋10克

制作流程◎处理食材→制作高汤→煮制高汤→雕刻冬瓜盅→下入原料→炖制→成菜

制 作 步 骤

❶将老鸡、猪瘦肉、鲜鸡脚、姜、葱、芫荽洗净沥干水分待用；

❷烧鼎下水，下入老鸡、猪瘦肉、鲜鸡脚、火腿肉、姜、葱、绍酒，煮至血水尽出捞出洗净沥干水分待用；

❸取1个炖盅，下入老鸡、猪瘦肉、鲜鸡脚、火腿肉、清水，封上保鲜膜，放入炖笼炖制3小时，取出过滤掉汤渣，取出高汤调入适量精盐、味精，并调校味道待用；

❹将水发鱼翅盛入碗中，加入清水，放入炖笼炖制八分烂取出沥干水分待用；

❺将冬瓜从腰部横向切成两半，去除瓜瓤并洗净，在冬瓜口雕刻上花纹待用；

❻将冬瓜装入炖盅，加入高汤、干贝、水发鱼翅，封上保鲜膜，放入炖笼炖制30分钟至冬瓜熟透；

❼配以芫荽、大红浙醋各1碟即成。

🍴 菜肴知识

鱼翅可使用素鱼翅。

菜肴特点｜清甜咸鲜、爽脆可口

菜肴特点 | 汤黑味鲜

生熟地炖蟹

主　　料 | 肉蟹2只（约1 000克）

辅　　料 | 生地黄20克、熟地黄30克、姜10克

调　　料 | 精盐4克、味精2克、上汤1 000克、鸡油20克

制作流程 ◎宰杀肉蟹→切制→盛入炖盅→调味→炖制→成菜

制作步骤

❶宰杀肉蟹去除蟹腮，刷去肉蟹的黑渍，切成小块并将蟹钳拍裂，放入清水中浸泡半小时待用；

❷将大块的生地、熟地、姜均洗净切成片；

❸取1个炖盅，下入肉蟹、生地黄片、熟地黄片、姜片、上汤，调入适量精盐、味精、鸡油，并调校味道；

❹封上保鲜膜放入蒸笼炖制2小时即成。

菜肴知识

1. 熟地黄是生地黄经过炮制而成，具有养肝血、滋肾阴的功效；

2. 生地黄具有清热凉血、养阴生津的功效。

杏仁白肺

主　　料│南杏仁50克、猪肺1个（约800克）
辅　　料│排骨300克、猪瘦肉150克、姜20克、葱20克、芫荽30克、纯净水1 000克
调　　料│精盐4克、味精2克、绍酒20克、生粉水200克

制作流程◎清洗猪肺→切制原料→焯水→盛入炖盅→炖制→调味→成菜

制作步骤

❶从喉管处加入生粉水后灌入整个猪肺，直至猪肺胀大2倍后放水，反复4～5遍，直至无浑浊血水渗出；

❷将猪肺切成块状，排骨砍成段并冲洗掉血水，猪瘦肉切成大粒状，南杏仁清洗干净，姜、葱洗净并拍烂，芫荽洗净切成段待用；

❸烧鼎下水，下入猪肺、排骨、姜、葱、绍酒，煮开焯水5分钟，中途不断撇去血

水再加入冷水，捞出洗净待用；

❹烧鼎再下清水，下入猪瘦肉焯水片刻至无血水，捞出洗净待用；

❺取1个大炖盅，下入猪肺、杏仁、猪瘦肉、纯净水，加盖放入炊笼中，炖制2小时；

❻取出掀盖，调入适量精盐、味精，并调校味道；

❼继续炖制20分钟，上菜时撒上芫荽段即成。

菜肴知识

杏仁性苦、温，具有止咳平喘、降低胆固醇、促进皮肤血液循环等功效，与猪肺一同制成的菜肴，有润肺止咳、润肠通便等作用。

菜肴特点│汤鲜味美，杏仁味清香

菜肴特点｜甘香鲜甜，陈皮味突出

陈皮炖水鱼

主　　料｜水鱼（甲鱼）1只（约600克）、（二十年）老陈皮15克
辅　　料｜排骨200克、姜20克、葱20克、芹菜茎10克、纯净水1 000克
调　　料｜精盐4克、味精2克、绍酒20克
制作流程◎宰杀水鱼→切制原料→焯水→盛入炖盅→炖制→调味→成菜

制 作 步 骤

❶宰杀水鱼放入开水中烫制片刻捞起，放入冷水中撕去外膜，并剪去水鱼多余的油脂，砍成均等的块状，冲洗干净沥干水分待用；

❷姜洗净切成块，芹菜茎洗净切成末，葱洗净切成段并拍烂，排骨砍成段待用；

❸烧鼎下水，下入水鱼、排骨、姜、葱、绍酒，焯掉血水捞出；

❹取1个大炖盅，下入纯净水、排骨、老陈皮，加盖放入炊笼中炖制，炖制1小时，再加入水鱼炖制30分钟；

❺取出掀盖，调入适量精盐、味精，并调校味道；

❻继续炖制3分钟，撒入芹菜末即成。

菜 肴 知 识

陈皮具有健脾开胃、燥湿化痰的功效，保存得当的陈皮年份越久价值越高。

油柑柠檬羊

主　　料｜羊腩800克、柠檬80克、油柑100克

辅　　料｜姜30克、葱30克、纯净水1 000克、芹菜茎10克

调　　料｜精盐4克、味精2克、胡椒粉0.5克、绍酒20克

制作流程◎处理羊腩→切制配料→焯水→盛入炖盅→炖制→调味→成菜

制 作 步 骤

❶羊腩用火枪烧去表面细毛，放入清水中刮去烧黑的毛，砍成均等的块状待用；

❷姜切成块，葱切成段并拍烂，芹菜茎切成末，柠檬切成片去籽，油柑轻拍至裂口待用；

❸烧鼎下水，下入羊腩、姜、葱、绍酒焯掉血水捞出并漂洗干净待用；

❹取1个大炖盅，下入纯净水、羊腩，加盖炊制，炖制2小时；

❺取出掀盖，加入柠檬片、油柑、芹菜末，调入适量精盐、味精，并调校味道；

❻继续炖制20分钟，上菜时撒上胡椒粉即成。

菜 肴 知 识

油柑乃潮汕地区特产的一种果实，味道清香，回甘味较浓，与柠檬一同制作菜肴，既可赋予羊肉清香的味道，又可使得汤水极其清甜甘爽。

菜肴特点｜清甜甘爽，油柑柠檬清香味突出

第九章　炆

　　炆，也叫焖，指食物原料放置于淹没食材量的汤汁之中，用文火加热制熟的烹饪技艺。

　　炆在潮州菜菜肴烹饪中较为常见，可分为红炆与清炆两种类型。

　　1. 红炆：指在炆的过程中，调入适量生抽、老抽或红糖等深色调料，使得菜肴更具有食欲，如"红炆鹅掌""红炆鲍鱼"等；

　　2. 清炆：指在炆的过程中，调入适量鱼露、精盐、味精、胡椒粉等较浅色的调料，使得菜肴色泽清淡。如"炆三仙鸽蛋""菜脯炆冬瓜"等。

　　在炆制菜肴时需注意以下要点：

　　1. 炆的过程需加盖，此做法一是增加锅中的气压，使菜肴熟得更快，以此缩短烹饪时间，二是锁住菜肴的味道，使其更加软烂入味；

　　2. 猛火煮旺再转文火慢炆，先开猛火煮开，以此缩短煮开时间，煮开后转文火，既可保持菜肴形状，使其不因煮烂而走形，也可使菜肴更能吸收汤汁的味道，使汤汁慢渗透进食材中；

　　3. 逢炆必炸，这也是潮州菜炆类菜肴中最重要的特点，大多数炆类菜肴，在炆之前都会经过炸制，目的是使食材能定形，在炆的过程中不易烂掉，且能激发出肉类菜肴中蛋白质的香味，炸至起虎皮后再炆制，能赋予汤汁和食材更佳的风味。

炆结玉肉

主　　料｜猪瘦肉350克

辅　　料｜面粉100克、熟鸡蛋2个、生鸡蛋2个、湿香
　　　　　菇30克、竹笋肉100克、红辣椒10克、葱10
　　　　　克、火腿片20克、姜葱汁30克

调　　料｜鱼露5克、精盐2克、味精3克、胡椒粉1克、
　　　　　香麻油10克、绍酒20克、上汤300克、生粉
　　　　　水20克、花生油1 000克（耗50克）

制作流程◎切制原料→腌制→拍粉→炸制→炆制→切片→装盘→调芡→淋芡→成菜

制 作 步 骤

❶将湿香菇切成香菇角，竹笋肉洗净切成笋花状，红辣椒洗净切成菱形片，葱洗净切成葱段待用；

❷将猪瘦肉片成薄片，并在两面剞上花刀，盛入碗中，调入适量精盐、味精、胡椒粉、姜葱汁、绍酒，搅拌均匀腌制10分钟待用；

❸取1个小碗，打入1个生鸡蛋，搅拌均匀再下入面粉，混合均匀成面粉浆待用；

❹将腌制好的猪肉片吸干水分，放入盘中，逐片抹上鸡蛋面粉浆待用；

❺烧鼎下油，油温150℃，下入猪肉片炸至熟透且酥脆捞出；

❻烧鼎润油，下入香菇角爆香，再加入猪肉片、竹笋、火腿片、上汤，调入适量鱼露、味精、胡椒粉、香麻油，加盖炆制10分钟；

❼猪肉片切成约3厘米×4厘米的片，盛入盘中，并围上香菇角、竹笋、火腿片在盘周；

❽原汤煮开下入红辣椒片、葱段，调校味道后加入生粉水勾芡，并加入包尾油翻炒均匀；

❾将红辣椒、葱段摆在盘中，再把熟鸡蛋去壳刻成锯齿状，分成2瓣围在两边，菜肴淋上芡汁即成。

菜 肴 知 识

结玉肉指猪瘦肉经过炸制再炆制后的造型似结玉，因此得名。

花菇炆鹅掌

主　　料｜鹅掌8只、湿香菇200克

辅　　料｜猪皮200克、冬笋尖150克、八角6克、桂皮10克、草果8克、干花椒10
　　　　　克、芫荽头50克、玉菜300克

调　　料｜精盐2克、味精2克、胡椒粉0.5克、香麻油2克、白糖6克、生抽20克、
　　　　　老抽10克、特级生粉20克、生粉水20克、上汤500克、花生油1000克（耗
　　　　　50克）

制作流程◎鹅掌去骨→切制配料→炸制→炆制→装盘→调芡→淋芡→成菜

制 作 步 骤

❶鹅掌洗净，用刀面在鹅掌表面及关节处刮几下，使其筋骨分离，再取出鹅掌所有骨头，加入生抽、老抽、特级生粉涂抹均匀待用；

❷玉菜切成2瓣并洗净沥干水分，湿香菇洗净去蒂并花上十字刀，冬笋尖洗净切成笋花待用；

❸烧鼎下油，油温150℃下入湿香菇炸制片刻捞起，再下入鹅掌炸至金黄色捞起，再加入冬笋尖过油至熟透倒出漂洗干净待用；

❹烧鼎下水，冷水加入猪皮焯水3分钟捞出漂洗干净待用；

❺砂锅铺上竹篾片，下入鹅掌和香菇，再加入冬笋、上汤、八角、桂皮、草果、干花椒、芫荽头，调入适量生抽、老抽、精盐、胡椒粉、香麻油、味精、白糖，再将猪皮盖上，盖上砂锅盖，猛火煮开转文火炆制1小时直至软烂；

❻烧鼎下水，水开下入适量精盐、花生油，下入玉菜焯水至熟透捞出摆入盘周；

❼将鹅掌、香菇、冬笋尖逐个有序摆入盘中，原汤过滤掉料渣，倒回鼎中煮开并调校味道，加入生粉水勾成薄芡，淋于菜肴上即成。

菜 肴 知 识

猪皮起增加胶质的作用。

菜肴特点｜浓香淳郁，软烂入味

红炆明皮

主　　料│明皮400克

辅　　料│老鸡500克、排骨200克、火腿肉15克、湿香菇30克、大蒜15克、蒜头肉30克、芫荽30克、姜30克、葱20克

调　　料│鸡汁5克、鲍汁6克、味精2克、生抽8克、老抽4克、绍酒20克、生粉水20克、鸡油30克、陈醋10克

制作流程◎切制原料→焯水→熬制浓汤→爆香→炆制→勾芡→装碗→成菜

制 作 步 骤

❶将明皮刮去油脂并洗净切成小片状，老鸡和排骨均砍成块，火腿肉、湿香菇、大蒜、姜均切成丝，蒜头肉切成片，葱、姜切成块并拍碎，芫荽洗净切成段待用；

❷烧鼎下水，水开下入明皮、姜、葱、绍酒，焯水片刻捞出并清洗干净待用；

❸烧鼎再次下水，下入老鸡、排骨焯水，焯至血渍尽出捞出洗净；

❹烧锅下水，加入老鸡、排骨，猛火煮开再转中火，熬制3小时并滤掉汤渣成浓汤待用；

❺烧鼎下鸡油，下入火腿肉丝、香菇丝、大蒜丝、蒜片，爆出香味后盛出待用；

❻烧鼎润油，下入明皮、香菇丝、大蒜丝、蒜片，再加入浓汤淹没食材，调入适量鸡汁、鲍汁、味精、生抽、老抽，加盖文火炆制10分钟至熟透；

❼掀盖并调校味道，加入生粉水勾芡，再下入鸡油；

❽盛入碗中，撒上火腿肉丝，配以陈醋和芫荽各1碟即成

菜 肴 知 识

"有味使之出，无味使之入"，此菜肴需借助浓汤的肉香味来赋予明皮浓香的风味。

菜肴特点│浓香淳郁，软烂有胶质

菜肴特点｜浓香淳郁，软糯咸香

蒜子炆鱼裙

主　　料｜水鱼壳3个（共约1 200克）

辅　　料｜蒜头肉100克、老鸡500克、排骨200克、猪皮200克、湿香菇50克、芫荽30克、姜30克、葱20克

调　　料｜鸡汁5克、鲍汁6克、味精2克、生抽8克、老抽4克、绍酒20克、生粉水20克、鸡油30克、陈醋10克

制作流程◎切制原料→取鱼裙肉→焯水→熬制浓汤→炆制→勾芡→装盘→成菜

制作步骤

❶老鸡和排骨均砍成块，湿香菇切成香菇角，蒜头肉去头尾，葱、姜拍碎，芫荽切成段待用；

❷烧鼎下水，水开加入水鱼壳、姜、葱、绍酒，焯水5分钟捞出待用；

❸将水鱼壳即刻下入冰水中，拆出鱼裙（壳边肉），并切成块待用；

❹烧鼎再次下水，下入老鸡、排骨、猪皮焯水，煮至血渍尽出捞出洗净；

❺烧锅下水，下入老鸡、排骨、猪皮，猛

火煮开再转中火，熬制3小时并滤净料渣成浓汤待用；

❻烧鼎润鸡油，下入蒜头肉、香菇角爆香，加入鱼裙，再加入浓汤淹没食材，调入适量鸡汁、鲍汁、味精、生抽、老抽，加盖文火炆制10分钟至熟透；

❼掀盖并调校味道，加入生粉水勾芡，再加入鸡油；

❽盛入碗中，配以陈醋和芫荽各1碟即成。

菜肴知识

鱼裙软烂有胶质，炆熟即刻放入冰水中，既方便脱骨，又不黏手。

红豆炆海参

主　　料｜水发海参600克、红腰豆200克

辅　　料｜老鸡500克、排骨200克、猪皮200克、姜50克、葱50克、红辣椒10克、芫荽30克

调　　料｜鸡汁5克、鲍汁6克、味精2克、生抽8克、老抽4克、绍酒30克、生粉水20克、鸡油30克、陈醋10克

制作流程◎切制原料→焯水→熬制浓汤→煮制鲍汁→下入砂锅→炆制→勾芡→成菜

制 作 步 骤

❶将水发海参刮去外表的硬皮，去除内脏并清洗干净，切成约3厘米×6厘米的块待用；

❷红腰豆洗净，老鸡、排骨、猪皮均砍成块，姜、葱洗净取一半拍碎，另取一半姜切成菱形片，另取一半葱切成葱段，红辣椒切成菱形片待用；

❸烧鼎下水，水开下入海参、姜、葱、绍酒，焯水片刻捞出清洗干净待用；

❹烧鼎再次下水，下入老鸡、排骨、猪皮，焯水至血渍尽出捞出洗净沥干水分待用；

❺锅中下水，下入老鸡、排骨、猪皮，猛火煮开再转中火，熬制3小时并滤净汤渣成浓汤，过滤掉肉渣待用；

❻烧鼎润鸡油，下入姜片，加入浓汤，调入适量鸡汁、鲍汁、味精、生抽、老抽，搅拌均匀成鲍汁；

❼取1个砂锅，先放入红腰豆，再铺上海参，倒入调制好的鲍汁，盖上砂锅盖，猛火煮开后转文火炆制20分钟，并加入生粉水勾芡；

❽掀开盖子，撒上葱段和红辣椒片，再加盖炆制30秒；

❾配以陈醋和芫荽各1碟即成。

菜肴知识

汤汁勾芡时不可太稠，因在加热过程中会挥发水分至更黏稠。

菜肴特点｜软烂浓郁

双梅炆猪脚

主　　料｜猪前蹄750克

辅　　料｜芫荽20克

调　　料｜生抽10克、老抽4克、白糖8克、梅膏酱15克、酸梅20克、话梅15克、
　　　　　绍酒20克、生粉水20克、上汤1 500克、花生油1 000克（耗50克）

制作流程◎猪蹄初加工→腌制→炸制→炆制→装盘→调芡→淋芡→成菜

制 作 步 骤

❶将猪前蹄用火枪烧掉表面绒毛，用清水清洗干净，芫荽洗净取叶待用；

❷将猪蹄骨斩断，片成2瓣，调入适量生抽、绍酒腌制，再加入生粉水抹匀待用；

❸烧鼎下油，油温180℃下入猪蹄，炸至表面上色捞起漂洗干净待用；；

❹取1个砂锅垫入竹篾片，加入猪蹄，再调入适量生抽、老抽、白糖、梅膏酱、酸梅（碾破）、话梅、上汤，汤汁没过猪蹄即成；

❺盖上砂锅盖，猛火煮开，转文火炆制1.5个小时，直至猪蹄软烂；

❻将猪蹄取出晾凉，砍成小块摆盘，原汤过滤掉料渣；

❼烧鼎下入汤汁，煮开加入生粉水勾芡，再加入包尾油，淋于猪蹄上，放上芫荽叶即成。

菜 肴 知 识

猪蹄选用前蹄更有胶质及口感。

菜肴特点｜酸甜软烂，香滑可口，肥而不腻

普宁豆酱骨

主　　料｜排骨600克
辅　　料｜葱30克、姜30克、锡纸1张（40厘米×40厘米）
调　　料｜普宁豆酱15克、味精2克、绍酒8克、花生酱10克、香麻油3克、上汤
　　　　　500克、花生油50克

制作流程◎砍制排骨→腌制→煎制→炆制→锡纸包裹→炆制或焗制→成菜

制 作 步 骤

❶将排骨砍成长约4厘米的小段，用清水冲洗半小时至无血水沥干水分待用；

❷将姜、葱洗净拍烂，挤出姜葱汁盛入碗中，加入绍酒待用；

❸排骨吸干水分，加入姜葱汁、绍酒腌制，再将普宁豆酱粒压烂，与花生酱一同下入排骨中，搅拌均匀腌制30分钟；

❹烧鼎润油，下入腌好的排骨煎至金黄色捞起；

❺鼎中留少量油，调入适量上汤、香麻油、味精，加入排骨，加盖用中火炆制15分钟至软烂收汁；

❻将炆好的排骨放在锡纸上包裹紧实，再将整包排骨放入焗炉或炊笼加热，取出剪开锡纸即成。

菜 肴 知 识

排骨要冲洗干净直至无血水，否则会带有血腥味并且会影响成色。

菜肴特点｜鲜嫩香郁

炆三仙鸽蛋

主　　料｜鸽蛋200克

辅　　料｜脱骨鸭掌200克、湿香菇100克、姜20克、葱20克、竹笋肉150克

调　　料｜鱼露4克、味精2克、胡椒粉0.5克、香麻油6克、上汤400克、生抽10克、老抽8克、生粉水20克、绍酒10克、花生油1 000克（耗50克）

制作流程◎处理原料→炸制→炆制→装盘→调芡→淋芡→成菜

制 作 步 骤

❶鸽蛋煮熟剥去外壳，表面抹上老抽待用；

❷烧鼎下水，水开下入脱骨鸭掌、姜、葱、绍酒焯水片刻，捞出沥干水分并抹上老抽待用；

❸将湿香菇去蒂挤干水分，切成香菇角，竹笋肉切成笋花状待用；

❹烧鼎下油，油温150℃下入鸽蛋炸至金黄色起虎皮状捞出，再下入鸭掌炸至金黄色捞出，沥干水分待用；

❺烧鼎润油，下入香菇、竹笋爆香，再加入鸽蛋、脱骨鸭掌、上汤，调入适量鱼露、味精、胡椒粉、香麻油、生抽、老抽，加盖用猛火煮开再转文火炆制10分钟；

❻将鸽蛋、鸭掌、香菇角、竹笋分别挑出摆盘，原汤下入鼎中并调校味道，加入生粉水勾芡，再加入包尾油，淋于菜肴上即成。

菜 肴 知 识

鸽蛋或其他蛋类在煮制时可加入适量精盐，煮熟浸泡冷水，有利于剥壳。

菜肴特点｜咸香浓郁

板栗炆鸡

主　　料｜光鸡（宰杀的整鸡）1只（约1 000克）、板栗300克
辅　　料｜湿香菇50克、红辣椒10克、葱20克、姜20克
调　　料｜精盐2克、鱼露8克、味精3克、胡椒粉1克、香麻油3克、生粉水20克、
　　　　　上汤300克、花生油1 000克（耗50克）

制作流程◎处理原料→拉油→爆香料头→炆制→装盘→成菜

制 作 步 骤

❶ 将光鸡洗净取肉，鸡肉片成薄片并剞刀，再切成约3厘米×3厘米的块状，调入适量精盐、味精、胡椒粉、香麻油、生粉水腌制5分钟待用；

❷ 湿香菇切成香菇角，红辣椒、姜洗净均切成菱形片，葱洗净切成葱段待用；

❸ 将板栗烫水去皮后，鼎中下油，油温150℃下入板栗，炸至熟透且外表稍硬捞出，下入红辣椒、姜片爆香待用；

❹ 油温烧至120℃，下入鸡肉过油至八成熟捞起待用；

❺ 烧鼎润油，下入香菇角爆香，加入鸡肉、板栗、上汤，调入适量鱼露、味精、胡椒粉，加盖炆制6分钟，掀盖加入葱段、红辣椒片、姜片，加入生粉水勾芡，再加入包尾油，盛入盘中即成。

菜 肴 知 识

板栗拉油是为了使板栗表面紧实，在炆制的过程中不容易松散。

菜肴特点｜咸香适口，外滑里嫩

菜肴特点 | 咸香嫩滑，口感丰富

炆百花海参

主　　料 | 水发辽参400克、虾胶300克

辅　　料 | 白膘肉30克、火腿肉15克、荸荠肉30克、鸡蛋清35克、玉菜100克

调　　料 | 精盐2克、味精3克、胡椒粉1克、香麻油2克、生抽10克、鲍汁6克、上汤300克、特级生粉20克、花生油50克、生粉水10克

制作流程 ◎清洗辽参→切制配料→制作百花馅→酿制百花辽参→煎制→炆制→装盘→调芡→淋芡→成菜

制 作 步 骤

❶将水发辽参表面杂质洗净并去除内脏、牙齿待用；

❷白膘肉、火腿肉、荸荠肉均切成末，荸荠末挤干水分，玉菜清洗干净开边待用；

❸虾胶盛入碗中，调入适量精盐、味精、胡椒粉、鸡蛋清，摔打至起胶，加入白膘肉末、火腿肉末、荸荠末，搅拌均匀成百花馅；

❹海参内部抹上一薄层特级生粉，酿入百花馅；

❺烧鼎下水，水开下入精盐、花生油、玉菜，煮至熟透，捞出围在盘周待用；

❻烧鼎润油，下入百花海参（百花面朝下），煎至定形上色，加入上汤，调入适量精盐、味精、胡椒粉、鲍汁、生抽、香麻油，加盖炆制3分钟；

❼将百花海参摆入盘中，汤汁加入生粉水勾芡并淋于菜肴上即成。

菜 肴 知 识

此菜肴为创新潮州菜，利用潮州菜海鲜突出的特点，与百花馅结合制成。

第十章 冻

冻，是潮州菜中一种比较特殊的烹饪技法，指食物原料经过制熟后再冷却凝固的烹饪技法。

冻是利用了食材中胶原蛋白的凝胶能力，如猪皮、鸡爪、猪脚等，这些食材的胶原蛋白含量较高，加入清水、调料及辅料，经过煮制，肉质中的胶原蛋白得到释放，汤汁变得黏稠，再放于阴凉处或冷藏柜中冷却，使其凝固成果冻状，遇热即融化，如"凉冻金钟鸡""潮州肉冻"等。

在本章节中，还将潮州菜中的打冷归纳为潮州"冻"烹饪技法的类别中。

打冷一词源于20世纪50年代的香港，潮州人在当地卖夜宵、卤味，其多肩挑扁担、箩筐，沿街叫卖。同乡人见到要买，就用潮州话招呼一声"担篮啊"（音近粤语发音的"打冷"）。讲粤语的人不解其意，也依样画葫芦，发相同谐音招呼叫卖冷食的小贩，于是延传回内地。现打冷指制熟后放冷的即食菜肴，如"鱼饭""薄壳米饭"等，或卤水菜肴、生腌菜肴等。其的共同点即均是冷食，这与冻的烹饪技法、成菜特点相同。

在制作"冻"类菜肴及"打冷"菜肴时要注意以下要点：

1. 食材一定要足够新鲜，因为此烹饪技艺均为冷食，放置时间较长，新鲜食材更耐储存，同时冷食更易突出食材的异味，越新鲜的食材越不容易产生异味；

2. 菜肴要冷却至常温后才可放置于冷藏柜中，如若食材尚未冷却便放于冷藏柜中冷却，既损耗冷藏柜，又会使得菜肴容易腐坏。

潮州冻鱼饭

主　　料｜鲜巴浪鱼8条

辅　　料｜海水（或盐水）3 000克

调　　料｜豆酱10克

制作流程◎处理原料→煮制→冷却→装盘→成菜

制作步骤

❶将鲜巴浪鱼洗净依次叠入细竹筐中，并摆放整齐；

❷将海水（或盐水）倒入鼎中煮开，放入叠好鱼的细竹筐，用中火煮制20分钟至熟；

❸取出细竹筐，将巴浪鱼放置冷却，也可放入冰柜冷藏2小时；

❹可直接食用或煎至两面呈金黄色食用；

❺配以豆酱1碟即成。

菜肴知识

1. 鱼饭非米饭，而是以鱼为饭之意，潮州地处沿海地区，鱼产品丰富，古时当地渔民吃不起米饭，但捕捞的鱼货众多，于是便将鱼煮熟当饭吃，名字由此得来；
2. 鱼饭可用其他海鱼替代，也可单条炊制，但要注意保护好鱼的表皮不受磨损。

菜肴特点｜鲜嫩，突出鱼鲜本味

潮州冻红蟹饭

主　　料｜大红蟹1只（约1 000克）

辅　　料｜姜30克

调　　料｜精盐5克、味精2克、陈醋10克

制作流程◎处理原料→炊制→冷却→装盘→成菜

制 作 步 骤

❶ 先将捆绑住蟹钳的大红蟹用刷子刷洗干净，放入盘中，撒上精盐待用；

❷ 姜洗净切成末待用；

❸ 炊笼冷水放入红蟹（倒放），撒上适量精盐和味精，猛火炊制20分钟至熟；

❹ 取出红蟹放置冷却，放入冰柜冷藏2小时；

❺ 将红蟹砍件摆盘，配以姜米醋（姜末加陈醋）1碟即成。

菜 肴 知 识

炊蟹用冷水，使得水蒸气渐进加热螃蟹，味道更加鲜嫩，且螃蟹不易掉脚。

菜肴特点｜鲜甜，突出蟹鲜本味

潮州鱿鱼仔饭

主　　料｜鱿鱼仔（小乌贼）1 000克

辅　　料｜姜30克、葱30克、红辣椒10克

调　　料｜粗盐50克、生抽10克、香麻油2克、陈醋10克

制作流程◎切制配料→调制酱碟→煮制→冷却→装盘→成菜

菜肴特点｜鲜甜爽脆，鱼子爆口

制 作 步 骤

❶将鱿鱼仔整个洗净（留墨），依次叠入细竹筐并摆放整齐待用；

❷姜去皮洗净，取一半切成末，另取一半切成片，葱洗净一半切成葱段另一半切成葱花，红辣椒洗净切成末待用；

❸取1个小碗，盛入葱花、姜末、红辣椒末，调入适量陈醋、生抽、香麻油，搅拌均匀成酱碟待用；

❹烧鼎下入清水，煮开后下入粗盐，再下入叠放好鱿鱼的细竹筐、姜片、葱段，中火煮制8分钟至熟捞出；

❺将鱿鱼仔放置冷却，或放入冰柜冷藏2小时，配以调好的酱碟即成。

菜 肴 知 识

鱿鱼仔饭是潮州打冷店很常见的一类，其主要食用鱿鱼原味，整颗鱿鱼仔连同墨汁、鱿鱼子一起食用，口感丰富、鲜味十足。

生菜龙虾

主　　料｜龙虾1条（约1 000克）

辅　　料｜生菜200克、火腿肉50克、番茄200克、鸡蛋2个、芫荽50克

调　　料｜芥末酱10克、番茄酱20克、精盐2克、味精2克、白糖6克、白醋4克、
　　　　　熟花生油20克

制作流程◎炊制龙虾→切制原料→调制酱料→摆盘→成菜

制作步骤

❶将筷子插入龙虾尾部放尿，并用刷子将龙虾刷洗干净待用；

❷将整条龙虾放入炊笼中，炊制20～25分钟（根据龙虾大小调控）至熟透取出；

❸取出龙虾晾凉后用剪刀剪去外壳，取出龙虾肉切成片，取1个大盘，依次摆入龙虾头、龙虾脚、龙虾壳、龙虾尾待用；

❹将火腿肉切成薄片，番茄去皮洗净切成片，生菜洗净沥干水分切成丝，鸡蛋煮熟剥去外壳取蛋白切成片待用；

❺碗中下入蛋黄捣碎，加入熟花生油搅拌均匀，再调入适量芥末酱、番茄酱、精盐、味精、白糖、白醋，搅拌均匀成沙律酱（八味酱）待用；

❻生菜丝垫入盘底（已摆好龙虾壳的盘），再铺上一层番茄片，龙虾与火腿肉依次叠放，并每隔4片叠入1片鸡蛋白；

❼芫荽叶围边，并配以调好的沙律酱即成。

菜肴知识

注意调制沙律酱时要用熟花生油，即加热后的花生油，用生油会带有生豆味，影响酱汁质量。

菜肴特点｜肉质鲜甜，色彩丰富，造型美观

菜肴特点 | 清凉嫩滑，色彩丰富，造型美观

凉冻金钟鸡

主　　料 | 嫩鸡腿肉300克
辅　　料 | 火腿肉10克、湿香菇20克、竹笋肉50克、青豆20克、葱30克、姜30克、芹菜20克、鱼胶片20克、琼脂10克
调　　料 | 精盐4克、味精2克、胡椒粉0.8克、鸡油50克、上汤500克、绍酒20克

制作流程◎炊制鸡腿→切制原料→煮制汤汁→模具定形→冷却→脱模→摆盘→成菜

制 作 步 骤

❶将嫩鸡腿肉洗净并吸干水分，葱洗净切段，姜洗净切片待用；

❷取1个盘盛入鸡腿肉，调入适量精盐、味精、绍酒抓拌均匀，加入葱段、姜片，再放入炊笼中炊制20分钟至熟；

❸鸡腿肉冷却后，撕出鸡皮，并切成均等的3厘米×3厘米的块，鸡肉撕成粗丝待用；

❹湿香菇去蒂与火腿肉、竹笋肉、芹菜分别煮熟并切成丝，青豆煮熟待用；

❺鱼胶片下入锅中，再加入上汤、姜、

葱，调入适量精盐、味精、胡椒粉，文火煮制2小时至汤汁黏稠，再加入琼脂煮制片刻，过滤掉鱼胶片及杂物，并调校味道，倒出汤汁待用；

❻取茶杯12个，杯内涂上少量鸡油，将鸡皮、鸡腿肉、竹笋丝、香菇丝、火腿肉丝、芹菜丝依次均匀地铺在杯壁；

❼将汤汁注入茶杯中，并各加入一颗青豆，再放入冷藏柜中冷藏2小时；

❽取出茶杯倒扣，取出金钟鸡即成。

菜 肴 知 识

此菜肴利用鱼鳞的胶原蛋白可凝固成胶状的特性，形似金钟，以青豆为钟锤，故名金钟鸡。

凉冻金钟龙虾

主　　料｜龙虾800克
辅　　料｜鱼胶片20克、火腿肉10克、湿香菇30克、竹笋肉50克、青豆50克、葱
　　　　　20克、姜20克、芹菜20克、琼脂10克
调　　料｜精盐4克、味精2克、胡椒粉0.8克、鸡油50克、上汤500克、绍酒20克
制作流程◎炊制龙虾→切制原料→煮制汤汁→模具定形→冷却→脱模→摆盘→成菜

菜肴特点｜清爽鲜甜，造型美观，色彩丰富

制作步骤

❶将筷子插入龙虾尾部放尿，并用刷子将龙虾刷洗干净，整条龙虾淋上绍酒后放入炊笼中，炊制20～25分钟（根据龙虾大小调控）至熟透取出晾凉，取出龙虾肉并撕成粗丝，取1个大盘，依次摆入龙虾头、龙虾脚、龙虾壳、龙虾尾待用；

❷姜去皮洗净切成片，葱洗净切成段，芹菜洗净沥干水分待用；

❸湿香菇去蒂与火腿肉、竹笋肉、芹菜分别煮熟并切成丝，青豆煮熟待用；

❹鱼胶片下入锅中，再加入上汤、姜、葱，调入适量精盐、味精、胡椒粉，文火煮制2小时至汤汁黏稠，再加入琼脂煮制片刻，过滤掉鱼胶片及杂物，并调校味道，倒出汤汁待用；

❺取茶杯12个，杯内涂上少量鸡油，将龙虾肉丝、竹笋丝、香菇丝、火腿肉丝、芹菜丝依次均匀地铺在杯壁；

❻将汤汁注入茶杯中，并各加入一颗青豆，再放入冷藏柜中冷藏2小时；

❼取出茶杯倒扣，取出金钟龙虾即成。

菜肴知识

1. 此菜肴由金钟鸡创新而来；
2. 以青豆为钟锤，形似金钟，突出潮州菜精致的特点。

潮州肉冻

主　　料｜五花肉400克、猪皮300克、猪脚800克

辅　　料｜芫荽30克、葱30克、姜30克、明矾1克

调　　料｜精盐5克、味精3克、鱼露150克、绍酒20克、红豉油5克

制作流程◎原料焯水→切制原料→煮制→冷却→切制→摆盘→成菜

制 作 步 骤

❶先将五花肉、猪皮和猪脚用火枪烧去表面细毛，并刮洗干净；

❷烧鼎下水，下入五花肉、猪皮、猪脚、姜、葱、绍酒焯水5分钟捞出洗净，刮去猪皮表面的油脂，五花肉、猪皮切成大块，猪脚砍成块待用；

❸锅中下入竹篾片、清水、猪皮、五花肉、猪脚、调入适量精盐，猛火煮开后转文火煮制1小时至软烂；

❹捞出五花肉、猪皮与猪脚，整齐摆放入盆中待用；

❺将原汤过滤后倒进锅中，加入明矾，煮开后撇去浮沫，调入适量味精、鱼露、红豉油，并调校味道，将汤汁倒入肉盆中，再加热煮开后撇净浮沫；

❻待冷却后放入冰箱冷藏2小时，取出切成均等块状；

❼摆盘并伴以芫荽叶，配以鱼露1碟即成。

菜 肴 知 识

此菜肴是利用猪皮和猪脚的胶原蛋白可凝固成胶状的特性制成，其在潮州熟食店秋冬季较为常见，是潮州打冷店中的一大特色。

菜肴特点｜清爽冰凉，咸鲜美味，肥而不腻

南姜鸡

主　　料｜走地鸡1只（约1 500克）

辅　　料｜南姜600克、姜30克、葱30克、芫荽30克

调　　料｜精盐50克、味精2克、白醋10克、绍酒20克

制作流程◎制作南姜麸（末）→宰杀整鸡→煮制整鸡→腌制→切件→摆盘→成菜

制 作 步 骤

❶取一半南姜放入石臼中捣碎，按照6∶1的量调入适量精盐，搅拌均匀成南姜麸（末），另取一半南姜洗净切片，姜洗净切成片，葱洗净切成段待用；

❷宰杀走地鸡，取出内脏和细毛，并清洗干净待用；

❸烧锅下水，水开下入整鸡，加入葱段、姜片、绍酒，煮制片刻后捞出漂冷水待用；

❹烧锅下水，水开下入整鸡，调入精盐、味精、南姜片，加盖用文火浸煮制40分钟至熟透；

❺将煮熟的鸡捞出沥干水分，趁热迅速裹上南姜麸（里外均要），并放于南姜麸中腌制6小时；

❻将南姜鸡去除表面多余的南姜，砍成块并摆盘，伴以芫荽，配以南姜醋1碟即成。

菜 肴 知 识

1. 南姜乃潮汕地区独特的食材，腌制南姜鸡时要趁热迅速腌制，利用鸡肉热胀冷缩的原理，使鸡肉更好吸收南姜味；

2. 整鸡不宜煮至全熟，因太熟会导致鸡肉失去鲜嫩度。

菜肴特点｜鲜嫩咸香，南姜味突出

菜肴特点 | 柔韧咸香，咸鲜美味

潮州猪头粽

主　　料 | 猪头肉1 000克、猪后腿肉1 000克、猪皮500克

辅　　料 | 川椒10克、桂皮15克、八角15克、丁香5克、香叶5克、豆蔻5克、草果10克、芫荽籽8克、甘草3克、南姜800克、姜50克、葱50克、芫荽50克、带皮蒜头500克、红葱头250克、南姜麸（末）10克

调　　料 | 冰糖500克、鱼露500克、生抽300克、老抽150克、高粱酒100克、五香粉30克、白醋10克

制作流程 ◎ 腌制主料→炒香料头→焯水→卤制→压制定形→切件→摆盘→成菜

制 作 步 骤

❶用火枪烧去猪头肉（带皮）、猪后腿肉（带皮）表面细毛，并清洗干净，切成大块待用；

❷将猪头肉、猪皮、猪后腿肉盛入盆中，下入芫荽、南姜，调入适量鱼露、生抽、高粱酒、五香粉，抓拌均匀腌制2小时待用；

❸烧鼎下入香料（川椒、八角、桂皮、丁香、香叶、豆蔻、草果、芫荽籽、甘草）、带皮蒜头、红葱头，文火慢炒出香味，装进卤水袋待用；

❹烧鼎下水，水开下入猪头肉、猪皮、猪后腿肉、姜、葱，焯掉血水捞出漂冷水待用；

❺取1个大锅，下入猪头肉、猪皮、猪后腿肉、清水（淹没食材）、卤水袋、南姜麸，调入适量鱼露、生抽、高粱酒、冰糖、老抽，中火卤制2小时至软烂；

❻捞出猪头肉与猪后腿肉，切成小块，放入炒鼎中，文火慢炒2小时；

❼将炒制完成的猪肉盛入方形模具，盖上木板，并放上大石头压制12小时，再放入冷柜2小时；

❽取出猪头粽，切成小块并摆盘，撒上芫荽叶，配以南姜醋1碟即成。

菜 肴 知 识

猪头粽非粽子，而称猪首花。传说潮州人以前只吃猪身不吃猪头，在一位高官的要求下，潮州菜师傅绞尽脑汁，结合本地特色配料，制作出了此菜肴。后来潮州人也将此菜肴作为祭拜天神的祭品。

贵妃鸽

主　　料｜乳鸽2只（约600克）
辅　　料｜干贝80克、虾米80克、八角8克、香叶5克
调　　料｜鸡汁10克、鱼露40克、味精3克、上汤2 000克

制作流程◎煮制汤汁→冷藏汤汁→宰杀乳鸽→煮制乳鸽→切件→摆盘→成菜

制 作 步 骤

❶烧鼎下入八角、香叶文火慢炒，炒香后倒出，干贝和虾米洗净后用冷水浸泡1小时，捞出干贝和虾米并沥干水分，留原汤待用；

❷烧锅下入上汤、干贝、虾米、浸泡原汤、八角、香叶，调入适量味精、鸡汁、鱼露，猛火煮开，文火煮制1小时；

❸将汤汁过滤，取一半汤汁冷却后放入冰箱冷藏3小时待用；

❹宰杀乳鸽，去除内脏和细毛并洗净待用；

❺另取一半汤汁烧开，转文火下入乳鸽吊汤（放入即刻捞出）3遍，再下入乳鸽文火煮制半小时至熟透；

❻捞出乳鸽，即刻放入冰冷的汤汁中浸泡，放入冰箱冷藏1小时；

❼取出乳鸽，切件摆盘即成。

菜 肴 知 识

1. 此菜肴利用上等干贝及虾米赋予上汤鲜味，再由上汤赋予乳鸽味道；
2. 制熟的乳鸽趁热迅速浸泡于冷藏的汤汁中，使得乳鸽表皮迅速冷却，皮脆且光滑。

菜肴特点｜皮脆肉嫩，咸鲜美味

第十一章　油泡

　　油泡，是潮州菜中很常见的烹饪技法，指食物原料经过油炸或滑油，再与特定料头翻炒并勾芡制熟的烹饪技法。

　　潮州菜中的油泡菜肴与油炒菜肴的区别在于：油炒无特定的料头，而油泡炒有特定的料头，如炸蒜末、芹菜末、红辣椒末、大地鱼末、炸真珠花菜叶等。同时，潮州菜的油泡技法与广府菜的油泡技法区别在于是否下入姜末，潮州菜中的油泡技法是没有下入姜末的，而广府菜则有。

　　油泡菜肴还有个特点，便是需要加入生粉水勾芡。生粉水勾芡在潮州菜小炒类中是很重要的，有"做戏老虎鬼，做桌靠粉水"之说，好的勾芡能较大程度地提高菜肴的质量。油泡技法也是如此，其对于勾芡的用量和技术也有一定要求，要达到"芡不结块、见芡不泄芡"的要求。且油泡类菜肴一般是猛火快炒的制熟方式，因此多用"对碗芡"完成勾芡和调味，即在炒制菜肴前，根据菜肴的量，预先将适量调料和生粉水调入碗中混拌均匀，在炒制过程中边炒制边倒入碗中调料，以便用最快速度完成调味和勾芡。很多潮州菜师傅还会将料头一并调入对碗芡中，这可以更大程度地缩短菜肴制作时间。

　　油泡技法分为加料后勾芡法和勾芡后加料法两种类型。

　　1. 加料后勾芡：即加入食材至炒鼎中加热，再加入生粉水勾芡，食材加热时间较长，适合质地较紧、不容易因爆炒导致过于软烂或松散的食材，如"油泡鲜鱿""油泡螺片"等；

　　2. 勾芡后加料：即加入生粉水勾芡成羹，再加入食材轻翻炒，食材加热时间较短，适合质地较软、容易因爆炒导致过于软烂或松散的食材，如"油泡鱼片""油泡鱼册"等。

油泡鲜鱿

主　　料｜鲜鱿鱼600克

辅　　料｜蒜头肉20克、红辣椒8克、芹菜茎10克、大地鱼干8克、真珠花菜叶100克、白膘肉15克

调　　料｜鱼露6克、精盐2克、味精3克、上汤50克、胡椒粉1克、香麻油2克、生粉水20克、花生油1 000克（耗50克）

制作流程◎鱿鱼花刀→腌制→处理配料→调制对碗芡→滑油→快炒制熟→装盘→成菜

❶将鲜鱿鱼去头去内脏，鱿鱼身划开清洗干净去掉外膜，用竖刀直切，深度为3毫米，间隔为5毫米，不可切断，再反过来斜刀（深度5毫米），间隔5毫米均匀切制，切成均等的三角块待用；

❷将鱿鱼盛入碗中，调入适量精盐、味精、胡椒粉、香麻油、生粉水，抓拌均匀腌制5分钟待用；

❸烧鼎下油，油温120℃下入大地鱼干炸至酥脆捞出；

❹将蒜头肉、红辣椒、芹菜茎、白膘肉、大地鱼干均切成末，真珠花菜叶洗净沥干水分待用；

❺碗中调入适量鱼露、味精、香麻油、胡椒粉、生粉水、上汤、芹菜末、大地鱼干末、红辣椒末，制成对碗芡待用；

❻烧鼎下油，油温150℃下入真珠花菜叶炸至酥脆捞出，再下入鱿鱼滑油至八成熟捞出待用；

❼取1个盘子，将炸好的真珠花菜叶围在盘周围待用；

❽烧鼎润油，下入白膘肉末、蒜末爆香，再加入鱿鱼，开火翻炒并调入对碗芡，加入包尾油，猛火翻炒出锅气，盛入盘中即成。

菜 肴 知 识

麦穗花刀考究刀工运用，成品要求刀工均匀、形似麦穗。

菜肴特点｜鲜嫩咸香，形似麦穗

油泡田鸡

主　　料│田鸡600克

辅　　料│蒜头肉20克、红辣椒8克、芹菜茎10克、大地鱼干8克、真珠花菜叶100
克、白膘肉15克

调　　料│鱼露6克、精盐2克、味精3克、上汤50克、胡椒粉1克、香麻油2克、生
粉水20克、花生油1 000克（耗50克）

制作流程◎处理田鸡→处理配料→调制对碗芡→炸制→快炒制熟→装盘→成菜

❶将田鸡头部去掉，剥去外皮，去除内脏
后砍成小块洗净待用；

❷将田鸡盛入碗中，调入适量精盐、味
精、胡椒粉、香麻油、生粉水腌制5分钟
待用；

❸烧鼎下油，油温120℃下入大地鱼干炸
至酥脆捞出；

❹将蒜头肉、红辣椒、芹菜茎、白膘肉、
大地鱼干均切成末，真珠花菜叶洗净沥干
水分待用；

❺取1个小碗，调入适量鱼露、味精、香
麻油、胡椒粉、生粉水、上汤、芹菜末、
大地鱼干末、红辣椒末，制成对碗芡待用；

❻烧鼎下油，油温150℃下入真珠花菜叶
炸至酥脆捞出，再加入腌制好的田鸡溜炸
至熟透捞出待用；

❼取1个盘子，将炸好的真珠花菜叶围在
盘周围待用；

❽烧鼎润油，下入白膘肉末、蒜末爆香，

菜肴特点│鲜嫩咸香，肉质饱满

再加入田鸡，开火翻炒并调入对碗芡，加
入包尾油，猛火翻炒出锅气，盛入盘中
即成。

田鸡选用要以人工养殖的为佳，要注意需制作至完全熟透。

菜肴特点 | 鲜嫩咸香，鱼肉紧实

油泡鱼片

主　　料 | 石斑鱼肉400克

辅　　料 | 蒜头肉40克、红辣椒8克、芹菜茎10克、大地鱼干10克、真珠花菜叶100克、白膘肉10克

调　　料 | 鱼露6克、精盐2克、味精2克、上汤75克、胡椒粉1克、香麻油2克、生粉水20克、花生油1 000克（耗50克）

制作流程 ◎ 处理鱼肉→处理配料→调制对碗芡→滑油→快炒制熟→装盘→成菜

制 作 步 骤

❶ 石斑鱼肉去鱼腩骨，横向斜刀片成鱼片（厚约3毫米）待用；

❷ 将鱼片盛入碗中，调入适量精盐、味精、胡椒粉、香麻油、生粉水，抓拌均匀腌制5分钟待用；

❸ 烧鼎下油，油温120℃下入大地鱼干炸至酥脆捞出；

❹ 将蒜头肉、红辣椒、芹菜茎、白膘肉、大地鱼干均切成末，真珠花菜叶洗净沥干水分待用；

❺ 碗中调入适量鱼露、味精、香麻油、胡

椒粉、生粉水、上汤、芹菜末、大地鱼干末、红辣椒末，制成对碗芡待用；

❻ 烧鼎下油，油温150℃下入真珠花菜叶炸至酥脆捞出，再加入鱼片滑油至八成熟捞出待用；

❼ 取1个盘子，将炸好的真珠花菜叶围在盘周围待用；

❽ 烧鼎润油，下入白膘肉末、蒜末爆香，调入对碗芡，再加入鱼片轻翻拌至包裹汤汁，加入包尾油，猛火翻炒出锅气，盛入盘中即成。

菜 肴 知 识

鱼肉翻炒容易松散软烂，因此采用先勾芡后加料的方法炒制，有利于保持鱼片形状。

菜肴特点｜鲜嫩咸香，形似球状

油泡鸡球

主　　料｜鸡腿肉600克

辅　　料｜蒜头肉30克、红辣椒8克、芹菜茎10克、大地鱼干10克、真珠花菜叶100克、白膘肉15克、湿香菇15克

调　　料｜鱼露8克、精盐2克、味精3克、上汤75克、胡椒粉1克、香麻油2克、生粉水20克、花生油1 000克（耗50克）

制作流程◎处理鸡肉→处理配料→调制对碗芡→滑油→快炒制熟→装盘→成菜

制 作 步 骤

❶将鸡腿肉片薄，并剞上花刀，改刀成约3厘米×3厘米的片；

❷将鸡腿肉片盛入碗中，调入适量精盐、味精、胡椒粉、香麻油、生粉水，抓拌均匀腌制5分钟待用；

❸烧鼎下油，油温120℃下入大地鱼干炸至酥脆捞出；

❹将蒜头肉、红辣椒、芹菜茎、白膘肉、湿香菇、大地鱼干均切成末，真珠花菜叶洗净沥干水分待用；

❺碗中调入适量鱼露、味精、香麻油、胡

椒粉、生粉水、上汤、芹菜末、大地鱼干末、红辣椒末，制成对碗芡待用；

❻烧鼎下油，油温150℃下入真珠花菜叶炸至酥脆捞出，再加入鸡肉片滑油至八成熟捞出待用；

❼取1个盘子，将炸好的真珠花菜叶围在盘周围待用；

❽烧鼎润油，下入白膘肉末、蒜末、香菇末爆香，再加入鸡球，开火翻炒并调入对碗芡，加入包尾油，猛火翻炒出锅气，盛入盘中即成。

菜 肴 知 识

鸡腿肉可剞花刀也可以不剞花刀，区别在于成品为片状或球状。

油泡鳝鱼

主　　料｜鳝鱼500克

辅　　料｜蒜头肉40克、红辣椒8克、芹菜茎10克、大地鱼干10克、真珠花菜叶100克、白膘肉10克、湿香菇15克

调　　料｜鱼露6克、精盐2克、味精2克、上汤75克、胡椒粉1克、香麻油2克、生粉水20克、花生油1 000克（耗50克）

制作流程◎处理并腌制→切制配料→调制对碗芡→滑油→快炒制熟→装盘→成菜

制 作 步 骤

❶去除鳝鱼内脏，取出脊骨，鳝鱼肉清洗干净，切成长约4厘米的段待用；

❷将鳝鱼盛入碗中，调入适量精盐、味精、胡椒粉、香麻油、生粉水，抓拌均匀腌制5分钟待用；

❸烧鼎下油，油温120℃下入大地鱼干炸至酥脆捞出；

❹将蒜头肉、红辣椒、芹菜茎、白膘肉、湿香菇、大地鱼干均切成末，真珠花菜叶洗净沥干水分待用；

❺碗中调入适量鱼露、味精、香麻油、胡

椒粉、生粉水、上汤、芹菜末、大地鱼干末、红辣椒末，制成对碗芡待用；

❻烧鼎下油，油温150℃下入真珠花菜叶炸至酥脆捞出，再加入鳝鱼滑油至八成熟捞出待用；

❼取1个盘子，将炸好的真珠花菜叶围在盘周围待用；

❽烧鼎润油，下入白膘肉末、蒜末、香菇末爆香，再加入鳝鱼，开火翻炒并调入对碗芡，加入包尾油，猛火翻炒出锅气，盛入盘中即成。

菜 肴 知 识

鳝鱼具有降血糖、保护视力、消除水肿等作用，蛋白质含量较高。

菜肴特点｜鳝鱼鲜嫩，胶质丰富

菜肴特点｜爽脆咸香

油泡猪肚片

主　　料｜猪肚尖400克

辅　　料｜蒜头肉40克、红辣椒8克、芹菜茎10克、大地鱼干10克、真珠花菜叶100克、葱20克、姜20克、白膘肉15克、薯粉50克

调　　料｜鱼露6克、精盐2克、味精3克、上汤75克、胡椒粉1克、胡椒粒20克、香麻油2克、生粉水20克、花生油1 000克（耗50克）

制作流程◎猪肚尖制熟→切制→调制对碗芡→滑油→快炒制熟→装盘→成菜

制作步骤

❶将猪肚尖放入盆中，下入薯粉和精盐，抓洗掉两面的黏液，并剪去多余的油脂，清洗干净待用；

❷烧锅下水，下入猪肚尖、葱、姜、精盐、胡椒粒，煮制片刻捞出，刮去黏液及油脂待用；

❸将猪肚剞上花刀，再斜刀切成均等的片状，下入薯粉、精盐抓拌，去除表面黏液，放在水龙头下漂水半小时待用；

❹将猪肚尖片盛入碗中，调入适量精盐、味精、胡椒粉、香麻油、生粉水，抓拌均匀腌制5分钟待用；

❺烧鼎下油，油温120℃下入大地鱼干炸至酥脆捞出；

❻蒜头肉、红辣椒、芹菜茎、大地鱼干、白膘肉均切成末，真珠花菜叶洗净沥干水分待用；

❼碗中调入适量鱼露、味精、香麻油、胡椒粉、生粉水、上汤、芹菜末、大地鱼末、红辣椒末，制成对碗芡待用；

❽烧鼎下油，油温150℃下入真珠花菜叶炸至酥脆捞出，再加入猪肚尖片滑油捞出；

❾取1个盘子，将炸好的真珠花菜围在盘周围待用；

❿烧鼎润油，下入白膘肉末、蒜末爆香，再加入猪肚尖片，开火翻炒并调入对碗芡，加入包尾油，猛火翻炒出锅气，盛入盘中即成。

菜肴知识

猪肚尖为猪肚下部开口处，占猪肚的四分之一，其肉质厚实、口感爽脆。

油泡带子

主　　料│大粒活带子3只

辅　　料│蒜头肉40克、红辣椒8克、芹菜茎10克、大地鱼干10克、真珠花菜叶100
克、白膘肉15克

调　　料│鱼露6克、精盐2克、味精3克、上汤75克、胡椒粉1克、香麻油2克、生
粉10克、生粉水20克、花生油1 000克（耗50克）

制作流程◎带子取肉、腌制→处理配料→调制对碗芡→滑油→快炒制熟→装盘→成菜

制 作 步 骤

❶ 先将带子用小刀从闭合处插入，顺着内壳划开，取出带子肉，去除内脏，将带子肉片开成薄片，并漂洗干净；

❷ 将带子肉盛入碗中，调入适量精盐、味精、胡椒粉、香麻油、生粉水，抓拌均匀腌制5分钟待用；

❸ 烧鼎下油，油温120℃下入大地鱼干炸至酥脆捞出；

❹ 将蒜头肉、红辣椒、芹菜茎、白膘肉、大地鱼干均切成末，真珠花菜叶洗净沥干水分待用；

❺ 碗中调入适量鱼露、味精、香麻油、胡椒粉、生粉水、上汤、芹菜末、大地鱼干末、红辣椒末，制成对碗芡待用；

❻ 烧鼎下油，油温150℃下入真珠花菜叶炸至酥脆捞出，再将带子肉拍上一层薄生粉，下入油锅中滑油至八成熟捞出待用；

❼ 取1个盘子，将炸好的真珠花菜叶围在盘周围待用；

❽ 烧鼎润油，下入白膘肉末、蒜末爆香，再加入带子肉，开火翻炒并调入对碗芡，加入包尾油，猛火翻炒出锅气，盛入盘中即成。

菜 肴 知 识

带子肉质较软且含水量较多，海鲜制作菜肴时可适当拍上生粉进行滑油或炸制，以锁住海鲜的水分。

菜肴特点│软嫩咸鲜

油泡虾球

主　　料｜大对虾800克

辅　　料｜蒜头肉40克、红辣椒8克、芹菜茎10克、真珠花菜叶100克、姜10克

调　　料｜鱼露6克、精盐2克、味精2克、上汤75克、胡椒粉1克、香麻油2克、绍
　　　　　酒10克、生粉水20克、花生油1 000克（耗50克）

制作流程◎鲜虾初加工→切制配料→调制对碗芡→滑油→快炒制熟→装盘→成菜

制 作 步 骤

❶先将大对虾剥去头壳，留尾部，在虾背划一刀，去除虾肠并清洗干净待用；

❷将虾肉盛入碗中，调入适量精盐、味精、胡椒粉、香麻油、绍酒、生粉水，抓拌均匀腌制5分钟待用；

❸将蒜头肉、红辣椒、芹菜茎、姜均切成末，真珠花菜叶洗净沥干水分待用；

❹碗中调入适量鱼露、味精、香麻油、胡椒粉、生粉水、上汤、芹菜末、红辣椒末、姜末，制成对碗芡待用；

❺烧鼎下油，油温150℃下入真珠花菜叶炸至酥脆捞出，再加入虾肉滑油至八成熟捞出待用；

❻取1个盘子，将炸好的真珠花菜叶围在盘周围待用；

❼烧鼎润油，下入蒜末爆香，再加入虾球，开火翻炒并调入对碗芡，加入包尾油，猛火翻炒出锅气，盛入盘中即成。

🍳 菜 肴 知 识

利用虾制熟自然卷曲的特点，使其自然成为球状。

菜肴特点｜鲜嫩咸香，形似圆球

菜肴特点 | 鲜嫩咸香

油泡乳鸽片

主　　料 | 乳鸽2只（约800克）

辅　　料 | 蒜头肉30克、红辣椒8克、芹菜茎10克、大地鱼干10克、真珠花菜叶100
克、白膘肉15克、湿香菇15克

调　　料 | 鱼露6克、精盐2克、味精3克、上汤75克、胡椒粉1克、香麻油2克、生
粉水20克、花生油1 000克（耗50克）

制作流程◎乳鸽初加工→处理配料→调制对碗芡→滑油→快炒制熟→装盘→成菜

制 作 步 骤

❶宰杀乳鸽，去除内脏和细毛并洗净，从
腹部划一刀，刀刃抵住胸骨，将鸽子肉往
里拉，取出2片胸肉，并将胸肉片成薄片
剞上花刀，改成约3厘米×3厘米的片状
待用；

❷将乳鸽片盛入碗中，调入适量精盐、味
精、胡椒粉、香麻油、生粉水，抓拌均匀
腌制5分钟待用；

❸烧鼎下油，油温120℃下入大地鱼干炸
至酥脆捞出；

❹将蒜头肉、红辣椒、芹菜茎、白膘肉、
湿香菇、大地鱼干均切成末，真珠花菜叶
洗净沥干水分待用；

❺碗中调入适量鱼露、味精、香麻油、胡
椒粉、生粉水、上汤、芹菜末、大地鱼干
末、红辣椒末，制成对碗芡待用；

❻烧鼎下油，油温150℃下入真珠花菜叶
炸至酥脆捞出，再加入乳鸽片滑油至八成
熟捞出待用；

❼取1个盘子，将炸好的真珠花菜叶围在
盘周围待用；

❽烧鼎润油，下入白膘肉末、蒜末、香菇
末爆香，再加入乳鸽片，开火翻炒并调入
对碗芡，加入包尾油，猛火翻炒出锅气，
盛入盘中即成。

菜 肴 知 识

光鸽取肉即取出鸽子肉，光鸽去骨则要求做到鸽子不破皮，成为荷包状。

萝卜干泡螺片

主　　料｜角螺6个（约1 200克）、萝卜干100克

辅　　料｜芹菜茎20克、鲜百合100克、蒜头肉10克

调　　料｜鱼露4克、精盐2克、味精2克、胡椒粉0.5克、香麻油2克、生粉水20克、
　　　　　花生油1 000克（耗50克）、上汤100克

制作流程◎角螺取肉→切制原料→调制对碗芡→油泡→炒制→装盘→成菜

制 作 步 骤

❶将角螺敲碎取出螺肉，去除螺尾与内脏，放入碗中下入适量精盐抓洗出黏液，放于水龙头下漂洗干净并沥干水分，再片成薄片待用；

❷萝卜干切成薄片并用冷水浸泡片刻，芹菜茎切成段，鲜百合取瓣洗净并浸泡冷水，蒜头肉切成末待用；

❸取1个碗，碗中调入适量鱼露、味精、香麻油、胡椒粉、生粉水、上汤制成对碗芡待用；

❹烧鼎下油，油温80℃下入螺片、百合浸泡片刻后倒出；

❺烧鼎润油，下入蒜末爆香，加入萝卜干炒出香味，再加入螺片、百合、芹菜段，同时调入对碗芡，猛火翻炒出锅气，加入包尾油，盛入盘中即成。

菜 肴 知 识

萝卜干太咸需先冲水，且炒制时需控制咸味调料的用量。

菜肴特点｜咸香爽脆

第十二章　糖制

　　糖制，指利用白糖特性制作菜肴的烹饪技法，也指口味为甜的菜肴。

　　潮州地区早在宋代的时候，就是当时国内最大的甘蔗产地。在此背景下，当地的潮州居民便将甘蔗制作成白糖，从而也影响了当时的餐饮行业，当地的潮州菜师傅就地取材，研发出许多的甜菜流传至今，造就了潮州菜中"甜菜多"的特点。

　　潮州菜的甜菜种类丰富、花样众多。其巧妙地利用了白糖结晶与再结晶的特性，并让此特性在不同的温度下发挥至极致，糖水→糖油（浆）→糕烧→拔丝→返沙→糖色，白糖从低温到高温产生不同的效果，非常奇妙，也诞生出许多经典的潮州菜甜菜肴。

　　在潮州菜甜菜肴中，较为常见的便是糕烧与返沙。

　　1. 糕烧：指原料经过焯水或炸制初加工处理，再将原料投入于水、油、白糖熬成的黏稠糖浆中制熟的过程。"糕"在潮州话中为泥烂、黏稠之意，糕烧即较为黏稠的糖浆浸泡加热之意。糕烧菜肴的特点是浓甜香滑，如"糕烧地瓜""糕烧芋头"等；

　　2. 返沙：指糖浆熬制 125℃左右，投入已初加工制熟的原料，关火并放置于风口下，利用糖浆的再结晶特性，使其迅速冷却成为白霜状并包裹住原料。返有返回之意，沙则为沙状之意，返沙技法对温度掌握要求较高，温度太低难以返沙成形，温度太高糖霜无法挂住原料。返沙的潮州菜菜肴有很多，如"返沙咸蛋黄""返沙腰果"等。

返沙芋头

主　　料｜芋头800克

辅　　料｜葱30克

调　　料｜白糖400克、白醋5克、花生油1 000克（耗50克）

制作流程◎切制原料→焯水→炸制→返沙→摆盘→成菜

❶芋头去皮洗净切成约6厘米×2厘米×2厘米的柱状，葱洗净切成葱花待用；

❷烧鼎下水，水开下入芋头快速焯水并捞出沥干水分待用；

❸烧鼎下油，油温烧至120℃下入芋头，用文火炸制至熟透捞出；

❹烧鼎下水、白糖，白糖与水的比例为3：1，熬至大泡转小泡（约125℃）后放入芋头、葱花、白醋，置于风扇口或通风处，用鼎铲不断翻铲，铲至糖浆凝固成白霜状（返沙），且均匀挂在芋头表面，装盘即成。

菜 肴 知 识

1. 糖浆温度125℃最合适返沙。

2. 返沙下入白醋可增加返沙的蓬松度（潮州话称为冇）。

菜肴特点｜外酥里松，酥香松甜

返沙咸蛋黄

主　　料｜咸蛋黄12粒
辅　　料｜葱10克、鸡蛋1个、面粉100克、特级生粉20克、泡打粉2克
调　　料｜白糖400克、白酒10克、白醋5克、花生油1 000克（耗50克）
制作流程◎炊制（烤制）→调制脆皮浆→切制配料→裹浆→炸制咸蛋黄→返沙→摆盘→
成菜

<table>
<tr><td align="center">制 作 步 骤</td></tr>
</table>

❶将咸蛋黄喷入白酒，放入炊笼中炊制5分钟（或烤制）待用；

❷将面粉、特级生粉、泡打粉和适量清水搅拌均匀，再加入1个鸡蛋和15克花生油，调制成脆皮浆；

❸葱洗净切成葱花待用；

❹烧鼎下油，油温烧至120℃，将咸蛋黄逐个裹上脆皮浆，下入油锅中，用文火炸制至熟透呈金黄色捞出，再升高油温至200℃，再次下入咸蛋黄炸至酥脆倒出；

❺烧鼎下水、白糖，白糖与水的比例为3：1，熬至大泡转小泡（约125℃）后放入咸蛋黄、葱花、白醋，置于风扇口或通风处，用

菜肴特点｜鲜甜相间，外脆里香

鼎铲不断翻铲，铲至糖浆凝固成白霜状（返沙），且均匀挂在咸蛋黄表面后装盘即成。

<table>
<tr><td align="center">菜 肴 知 识</td></tr>
</table>

　　需注意糖与水的比例，如若糖分过高，则较容易过火焦黑，如若糖分太低，熬煮时间则需加长，从而使得水分蒸发，白糖与水的比例为3：1最佳。

第十二章　糖制

糕烧金银

主　　料｜红心番薯400克、芋头400克
辅　　料｜白膘肉50克、葱20克
调　　料｜白糖600克、猪油100克

制作流程◎切制原料→炸制葱珠朥→熬制糖浆→糕烧→摆盘→成菜

制 作 步 骤

❶将红心番薯和芋头去皮洗净，切成菱形块状，葱洗净取葱叶切成葱花；

❷白膘肉切成粒状，调入适量白糖腌制5分钟待用；

❸烧鼎下猪油，加入葱珠，炸至稍微变褐色时就将盛起，制成葱珠朥待用；

❹烧鼎下入水与白糖，糖融化后成黏稠的糖浆，加入白膘肉、番薯、芋头，开中火熬煮10分钟，再文火熬煮8分钟；

❺用牙签能够很容易地插入芋头和番薯的内部（即熟透），捞出装盘并淋上葱珠朥和糖浆即成。

菜 肴 知 识

1. 白膘肉可增加菜品光亮色泽，若想增加香味可加入橙皮；

2. 熬煮时需控制好火候，不可火力太猛导致返沙；

3. 糖浆如若太稠，少量糖浆可通过边加入开水边快速搅拌的方式降低黏稠度；

4. 番薯和芋头可先炸制，制作的成品口感会略带韧硬且不易松散。

菜肴特点｜润滑甜香

糕烧白果

主　　料｜白果750克、红枣100克
辅　　料｜白膘肉80克、葱10克、柑饼50克
调　　料｜白糖600克、猪油50克

制作流程◎白果焯水→红枣腌制→切制原料→制作葱珠勝→熬制糖浆→糕烧→摆盘→成菜

制 作 步 骤

❶烧鼎下水，水开下入白果煮制10分钟捞出，拍去白果外壳并分成2瓣，再下入开水中焯水5分钟捞出漂冷水5分钟，反复3次，撕去外膜待用，将红枣用温水浸泡1小时后沥干水分，加入白糖腌制半小时待用；

❷烧鼎下水，下入白膘肉煮制3分钟，取出切成粒，柑饼切成粒待用；

❸葱洗净取葱叶切成葱珠，烧鼎下猪油，

加入葱珠，炸到稍微变褐色时就将盛起，制成葱珠勝待用；

❹烧鼎下入水与白糖，糖融化后成黏稠的糖浆，加入白膘肉、白果、红枣，开中火熬煮10分钟，再文火熬煮8分钟；

❺用牙签能够很容易地插入白果的内部即熟透，装盘淋上葱珠勝和糖浆即成。

菜 肴 知 识

1. 白果微苦，用糕烧技法可以减弱其苦味；
2. 白果也叫银杏果，具有敛肺定喘、止滞缩尿的功效。

菜肴特点｜软糯甜香

潮州甜芋泥

主　　料｜芋头750克
辅　　料｜葱20克、猪油400克
调　　料｜白糖500克

制作流程◎炊制芋头→压制成蓉→制作葱珠勝→炒制芋泥→装碗→成菜

制 作 步 骤

❶将芋头刨皮洗净切成薄片，放入炊笼中用猛火炊制20分钟至熟；

❷取出芋头放在干净的砧板上，趁热用刀压烂，反复3次以研成蓉状（以没有颗粒为合格）待用；

❸将葱洗干净切成葱珠，烧鼎下猪油，将葱珠炸至褐色成葱珠勝，倒进碗中待用；

❹烧鼎下猪油，再加入芋蓉，混合均匀再加入白糖，融合后逐步变稀，文火翻炒（用炒铲推），其间多次加入猪油与白糖，使之融化且与芋蓉相融合；

❺将芋泥倒进碗中，淋上葱珠勝即成。

菜 肴 知 识

1. 芋头需压制够烂，否则会形成颗粒，不够嫩滑；
2. 此菜为传统潮州甜菜，较重糖重油。

菜肴特点｜清甜馥郁，芋香浓郁

金瓜莲蓉

主　　料｜金瓜1个（约600克）、鲜莲子500克
辅　　料｜猪油400克
调　　料｜白糖1 500克

制作流程◎腌制金瓜→炊制金瓜→炊制莲子→压制莲蓉→炒制莲蓉→盛入→再炊制→
成菜

制 作 步 骤

❶将金瓜从头部1/5处切开，挖去瓜瓤并
清洗干净，下入白糖填满，腌制1天；

❷将金瓜放入炊笼中，炊制20分钟至熟取
出并倒出糖浆盛入碗中待用；

❸鲜莲子去心并清洗干净，放入炊笼用猛
火炊制20分钟至熟透；

❹取出莲子放在干净的砧板上，趁热用刀
压烂，反复3次以研成蓉状（以没有颗粒

为合格）；

❺烧鼎下猪油，加入莲蓉，搅拌均匀再加
入糖浆，融合后逐步变稀，文火翻炒（用
炒铲推），其间多次加入猪油与白糖，使
之融化且与莲蓉相融合，让莲蓉变成浆糊
状成泥；

❻将莲蓉盛入金瓜中，放入炊笼中炊制10
分钟即成。

菜 肴 知 识

此菜肴由传统潮州菜金瓜芋泥创新而来，莲蓉与金瓜搭配，呈现出不一样的风味。

菜肴特点｜香甜浓郁

大理石姜茨

主　　料 | 姜茨1000克

辅　　料 | 墨鱼汁5克、纯牛奶250克、炼乳40克、明胶片20克

制作流程◎制作姜茨泥→调入辅料→搅拌→制成大理石状→冷却→切块→装盘→成菜

制作步骤

❶将姜茨洗净削皮，切成薄片放入盘中，放入炊笼中炊制30分钟；

❷取出姜茨放入搅拌机中，下入纯牛奶、炼乳、明胶片，搅拌成泥待用；

❸将姜茨泥过滤净颗粒后盛入模具中，下入墨鱼汁，用筷子轻搅拌至成大理石纹状；

❹放入冰箱冷藏4小时，取出切成块并摆盘即成。

菜肴知识

1. 墨鱼汁搅拌时不可过于用力，轻搅拌即可。
2. 姜茨需使用密漏或密孔状工具过滤，使其口感细腻无颗粒。

菜肴特点 | 香甜嫩滑细腻

胭脂山药

主　　料｜铁棍山药750克
辅　　料｜红心火龙果200克、雪碧200克
调　　料｜蜂蜜80克、白糖100克

制作流程◎炝制山药→浸泡→切制→装盘→成菜

制 作 步 骤

❶将铁棍山药削皮洗净，切成长10厘米的段后放入盘中并撒上适量白糖，放入炊笼中炝制20分钟待用；

❷将红心火龙果去皮取肉，放入搅拌机中搅拌成汁，盛入碗中待用；

❸在火龙果汁中加入适量雪碧、蜂蜜，搅拌均匀，放入山药浸泡4小时；

❹取出山药，斜刀切成均等段状，盛入盘中即成。

菜 肴 知 识

需选用笔直且宽度均匀的山药。

菜肴特点｜香甜滑嫩

菜肴特点 | 清甜爽滑，形似太极

太极马蹄羹

主　　料 | 荸荠（马蹄）500克、杨梅200克
辅　　料 | 隔汤袋1个
调　　料 | 白糖300克、生粉水50克
制作流程 ◎ 处理原料→调制荸荠羹→装碗→调制杨梅羹→制作太极状→成菜

制 作 步 骤

❶ 将荸荠去皮洗净用磨砵磨成荸荠泥，杨梅洗净装入隔汤袋中挤出杨梅汁待用；

❷ 烧鼎下入适量清水，调入白糖煮至融化并撇去浮沫，加入荸荠泥，搅拌均匀，加入生粉水勾芡，盛入汤碗中待用；

❸ 烧鼎留少量荸荠泥，加入杨梅汁，煮开调入适量白糖，并加入生粉水勾芡成杨梅羹；

❹ 舀一勺杨梅羹，勺压至荸荠羹内，顺着盘边倾斜倒，制作成太极状，并分别点上太极眼即成。

菜 肴 知 识

此菜肴是由太极护国菜演变而来，制作成甜菜，具有生津止渴、清热解毒的功效。

蜜浸酿枇杷

主　　料｜枇杷400克
辅　　料｜白膘肉100克、冬瓜糖50克、白芝麻25克、糕粉30克
调　　料｜白糖500克、生粉水10克、花生油800克（耗50克）、生粉10克

制作流程◎制作馅料→酿制枇杷→炸制→熬制浓糖水→装盘→淋汁→成菜

制 作 步 骤

❶将白膘肉一半切成丁，另一半切成片，均下入与白膘肉同等量的白糖腌制1天成冰肉待用；

❷枇杷去皮，切去头尾，并挖空枇杷核，冬瓜糖切成小丁待用；

❸白芝麻炒熟盛入碗中，加入冰肉丁、冬瓜糖丁、糕粉，加入适量花生油、清水，搅拌均匀成水晶馅；

❹将水晶馅酿入枇杷中，并用生粉封口待用；

❺烧鼎下油，油温150℃，下入枇杷略炸至定形捞出待用；

❻烧锅下水，下入白糖（水与白糖的比例为2：1），熬成浓糖水；

❼枇杷下入糖水中，并下入冰肉片盖在枇杷上面，用文火煮制30分钟；

❽将枇杷捞起盛入盘中，挑去冰肉片，原汤倒入鼎中，加入生粉水勾芡后淋于枇杷上即成。

菜 肴 知 识

枇杷具有润肺止咳、促进消化的作用。

菜肴特点｜酸甜润滑

第十三章　腌、卤

　　腌，指将食物原料放置于经过调味的汤汁中，使得食物原料吸收汤汁味道的烹饪技法。潮州菜中多以生鲜的海鲜为腌料主料，可以突出食用本鲜的特点。

　　卤，指食材放置于经过调味熬煮的汤汁中，再加热使汤汁渗透进食材中的烹饪技法。

　　潮州生腌和潮州卤制品均乃潮州菜中的较大特色，均是使有味的汤汁渗透进食材中，不同点为腌制可熟食可生食，卤制乃熟食。

　　潮汕生腌，也称"潮汕毒药"，因其口感似冰淇淋，口味冰凉、鲜甜，将食材本味发挥至极致，食客食用此菜肴无一不上瘾，吃完还想吃，故称"毒药"。

　　潮汕因处于沿海地区，海产品丰富，潮州菜师傅便将料头与酱汁下入鲜活的海鲜中调味。研发此烹饪技法，目的在于赋予海鲜味道，使其生食风味更佳，口感胜似果冻。制作生腌时要注意选择足够新鲜活猛的海水养殖海鲜，以保证食用安全，且制作生腌时，海鲜食材需使用白醋先清洗浸泡，因白醋可去除腥味，且有一定的杀菌作用。

　　潮州卤水知名度较高，因其咸香美味、香料味突出、色泽鲜艳而广受食客们的喜爱。潮州卤水最大的特点便是其香料众多，巧妙结合各种香料的特性，用量恰到好处，且结合本地盛产食材——南姜。潮州卤水越卤越香，保存得当的老卤水可以使用几年甚至几十年，食材的肉脂香味长时间渗进卤水中，使得卤水风味更上一层。潮州卤水享誉全国，足以与四川卤味等知名卤味相媲美。

生腌沙鲈虾

主　　料｜沙鲈虾500克

辅　　料｜蒜头肉30克、姜20克、红辣椒20克、芫荽头30克

调　　料｜味精2.5克、香麻油20克、生抽40克、花椒油25克、白醋100克、辣椒油
　　　　　25克、辣椒酱10克

制作流程◎处理沙鲈虾→切制配料→调制生腌料→淋料→腌制→冷藏→成菜

制 作 步 骤

❶将沙鲈虾去除虾囊与虾脚，清洗干净，盛入碗中下入白醋浸泡半分钟，再沥干白醋，并整齐摆入盘中待用；

❷将蒜头肉、姜、红辣椒均切成末，芫荽头洗净切成小段；

❸将蒜末、姜末、红辣椒末、芫荽段盛入碗中，调入适量味精、香麻油、生抽、花椒油、辣椒油，混合均匀成生腌料；

❹将生腌料淋入虾中，封上保鲜膜，放入冰柜冷藏2小时，配以辣椒醋（辣椒酱加白醋）1碟即成。

菜 肴 知 识

虾最好选用深海活虾。

菜肴特点｜鲜嫩爽滑

菜肴特点 | 鲜嫩爽滑

生腌大蚝

主　　料 | 生蚝600克

辅　　料 | 蒜头肉30克、姜20克、红辣椒20克、芫荽30克、芹菜茎20克

调　　料 | 味精2.5克、香麻油20克、生抽40克、花椒油25克、白醋100克、辣椒油
25克、辣椒酱10克

制作流程◎处理生蚝→切制配料→调制生腌料→淋料→腌制→冷藏→成菜

制作步骤

❶将生蚝清洗干净并沥干水分，盛入碗中下入白醋浸泡片刻，再沥干白醋，整齐摆入盘中待用；

❷将蒜头肉、姜、红辣椒均切成末，芹菜茎和芫荽均洗净切成小段；

❸将蒜末、姜末、红辣椒末、芹菜段、芫荽段盛入碗中，调入适量味精、香麻油、生抽、花椒油、辣椒油，混合均匀成生腌料；

❹将生腌料淋入生蚝中，放入冰箱冷藏2小时，取出配以辣椒醋1碟即成。

菜肴知识

1. 小个生蚝（珠蚝）适合煎烙，中个生蚝适合煮汤或炒制，大个生蚝适合生炊或生腌；

2. 腌制时若过咸可适当加入矿泉水。

生腌虾蛄

主　　料｜虾蛄（皮皮虾）800克
辅　　料｜蒜头肉30克、姜20克、红辣椒20克、芫荽头30克、金不换心10克
调　　料｜味精2.5克、香麻油20克、生抽40克、花椒油25克、辣椒油25克、白醋
　　　　　100克、辣椒酱10克

制作流程◎处理虾蛄→切制配料→调制生腌料→淋料→腌制→冷藏→成菜

❶将虾蛄剪去虾腔、虾脚、虾尾，以及虾壳两侧尖锐部，并从虾身中间处剪断待用；
❷虾蛄清洗干净并下入白醋浸泡2分钟，再沥干白醋，整齐摆入盘中待用；
❸将蒜头肉、姜、红辣椒均切成末，芫荽头切成小段，金不换心洗净切成末待用；

❹将蒜末、姜末、红辣椒末、芫荽段、金不换末盛入碗中，加入少量水，调入适量味精、香麻油、生抽、花椒油、辣椒油，混合均匀成生腌料；
❺将生腌料淋入虾蛄中，封上保鲜膜放入冰柜冷藏2小时，配以辣椒醋1碟即成。

菜肴知识

虾蛄即皮皮虾，生腌口感冰凉嫩滑，但细尖壳较多，处理时注意要去除干净防止扎嘴。

菜肴特点｜咸鲜嫩滑

菜肴特点│咸鲜香滑

生腌咸膏蟹

主　　料	膏蟹2只（约800克）
辅　　料	蒜头肉30克、姜20克、红辣椒20克、芫荽头30克
调　　料	味精2.5克、香麻油20克、生抽100克、花椒油10克、辣椒油25克、白醋100克、绍酒1 000克、辣椒酱10克

制作流程◎处理膏蟹→切制配料→调制咸腌料→淋料→腌制→冷藏→成菜

制 作 步 骤

❶ 将膏蟹放入盆中，下入绍酒浸泡片刻，再用刷子刷洗净黑渍，改刀成小块，蟹钳轻拍至碎裂，下入白醋浸泡2分钟，再沥干白醋，整齐摆入盘中待用；

❷ 蒜头肉、姜、红辣椒均切成末，芫荽头切成小段；

❸ 将蒜末、姜末、红辣椒末、芫荽段盛入碗中，调入适量味精、香麻油、生抽、花椒油、辣椒油，混合均匀成咸腌料；

❹ 将膏蟹放入腌料中腌制12小时，取出切件摆好，配以辣椒醋1碟即成。

菜 肴 知 识

咸腌与生腌区别在于咸度，咸腌料较咸，适合短时间腌制的海鲜。

生腌蟛蜞

主　　料｜蟛蜞（péng qí）800克
辅　　料｜蒜头肉30克、姜20克、红辣椒20克、芫荽头30克
调　　料｜味精2.5克、香麻油20克、生抽100克、花椒油10克、辣椒油25克、白醋
　　　　　100克、绍酒1 000克、辣椒酱10克

制作流程◎处理蟛蜞→切制配料→调制咸腌料→淋料→腌制→冷藏→成菜

制 作 步 骤

❶将蟛蜞放入盆中，下入绍酒浸泡片刻，再用刷子刷洗净黑渍，下入白醋浸泡2分钟，再沥干白醋，整齐摆入盘中待用；

❷蒜头肉、姜、红辣椒均切成末，芫荽头切成小段；

❸将蒜末、姜末、红辣椒末、芫荽段盛入碗中，调入适量味精、香麻油、生抽、花椒油、辣椒油，混合均匀成咸腌料；

❹淋上调好的咸腌料，封上保鲜膜放入冰柜冷藏2小时，配以辣椒醋1碟即成。

菜 肴 知 识

蟛蜞，学名相手蟹，又名螃蜞，淡水产小型蟹类。

菜肴特点｜咸鲜香滑

潮式卤咸鱼

主　　料｜斑鱼500克

辅　　料｜姜30克、葱30克、芫荽50克、川椒20克、八角20克

调　　料｜绍酒30克、精盐（或粗盐）300克、花生油1 000克（耗50克）

制作流程◎宰杀斑鱼→腌制→炸制→封存→成菜

制 作 步 骤

❶将斑鱼宰杀后切成均等的块状，清洗干净并吸干水分待用；

❷鱼块放入盆中，下入姜、葱、芫荽、川椒、八角、绍酒，以及大量精盐（或粗盐），淹没鱼块腌制12小时；

❸取出鱼块，并去除表面多余的盐花；

❹烧鼎下入花生油，油温120℃下入鱼块炸至熟透捞出，再升高油温至180℃，下入鱼块复炸至金黄酥脆捞出；

❺鱼块装入罐中，下入熟油淹没鱼块封存即成。

菜 肴 知 识

潮州腌咸鱼是潮州杂咸中的一大特色，用重粗盐腌制，起灭菌的作用，同时利用油浸的方式，较大程度地延长了鱼肉的保质期。

菜肴特点｜肉质紧实，咸香美味

卤水狮头鹅

主　　料｜狮头鹅2只（共约20斤，10千克）

辅　　料｜南姜2 500克、带皮蒜头1 000克、红葱头
　　　　　500克、蒜头肉20克、芫荽500克、洋葱1
　　　　　000克、川椒35克、桂皮50克、八角35克、
　　　　　丁香15克、香叶30克、豆蔻20克、草果30
　　　　　克、芫荽籽35克、甘草20克、冰糖2 500克

调　　料｜鱼露1 500克、精盐750克、味精200克、生
　　　　　抽1 000克、老抽500克、白醋30克、五香粉
　　　　　100克、鸡油1 000克

菜肴特点｜咸香入味

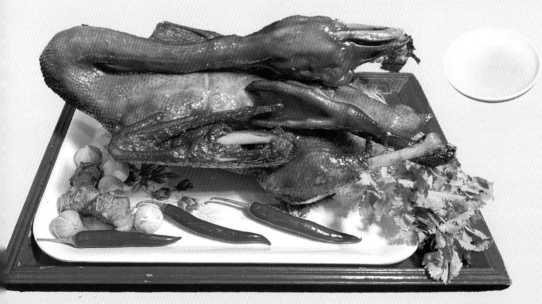

143

制作流程 ◎宰杀狮头鹅→腌制→炒制香料→制作卤水→卤制→砍件→摆盘→成菜

制 作 步 骤

❶宰杀狮头鹅取出内脏，拔掉细毛并清洗干净，用精盐500克、五香粉100克，里外涂抹均匀腌制2小时待用；

❷将红葱头、洋葱、南姜洗净切片，芫荽洗净并切成长段，蒜头肉剁成泥下入精盐、白醋调成蒜泥醋待用；

❸烧鼎下入香料（川椒、八角、桂皮、丁香、香叶、豆蔻、草果、芫荽籽、甘草），文火慢炒出香味，装进卤水袋待用；

❹烧鼎下入鸡油，加入带皮蒜头、红葱头片、洋葱片，炸至稍变色且香味尽出，将料渣装进卤水袋，炸好的油盛入盆中待用；

❺烧鼎下水，加入一半冰糖，炒至焦褐色加入开水成糖色待用；

❻卤水桶下入50斤（25千克）清水，加入卤水袋、鸡油、糖色、南姜、蒜头肉，调入适量生抽、老抽、精盐、味精、鱼露、冰糖；

❼卤水煮开熬制半小时至香料味渗出，加入狮头鹅，抓住鹅头先吊烫鹅身，表面光滑后再下入卤水桶中进行卤制；

❽卤制1小时，中途每隔半小时需吊其离汤再放入，同时加入芫荽；

❾将卤熟的狮头鹅挂起冷却，再砍块摆盘；

❿放入芫荽叶点缀，并配以蒜泥醋1碟即成。

菜 肴 知 识

1. 南姜是潮汕特产原料之一，是潮州卤水必不可少的原料；

2. 蒜头无需去皮，带皮进行卤制更有味道；

3. 卤水可反复使用，且越卤越香，但需注意保存方法：每次使用完将料渣捞出，再猛火烧开后放置到自然冷却。味重的原料，如鹅肠、猪肠等不宜一起卤，会破坏卤水的清洁度，并且会导致卤水存在异味，容易腐坏。

卤水豆腐

主　　料│黄豆500克、卤水2 000克
辅　　料│韭菜150克、鸡蛋8个、蒜头肉10克
调　　料│精盐2克、白醋10克、花生油1 000克（耗50克）

制作流程◎制作豆腐→炸制→卤制→切制→摆盘→成菜

制 作 步 骤

❶将黄豆清洗干净，冷水浸泡3小时，放入破壁机中，倒入3倍量的水，搅拌成豆浆再用滤汤袋过滤掉残渣待用；

❷取1个汤盆，打入鸡蛋并轻轻搅拌均匀，再倒入豆浆混合均匀，用滤汤袋过滤后倒进四方盘中，包上保鲜膜并扎上小孔，放入炊笼中炊制40分钟至熟取出晾凉待用；

❸将豆腐取出，切成约1厘米×4厘米×4厘米的豆腐块待用；

❹韭菜洗净沥干水分并切成段，放于盘中待用；

❺蒜头肉剁成泥并下入精盐、白醋调成蒜泥醋待用；

❻烧鼎下油，油温120℃下入豆腐块炸至金黄酥脆捞出；

❼烧鼎下水，水开下入豆腐煮制片刻捞出，再扎上小孔（以便入味）；

❽将卤水（做法见"卤水狮头鹅"）煮开，下入韭菜焯熟装盘，再下入豆腐，文火卤制15分钟；

❾关火后浸泡10分钟，取出切成厚片，放于韭菜上，淋上卤汁，配以蒜泥醋1碟即成。

菜 肴 知 识

注意卤制过程要翻动豆腐，以便受热均匀、入味。

菜肴特点│外咸香里鲜嫩，软烂入味

卤水猪头肉

主　料 | 去骨猪头1个（约4 000克）

辅　料 | 南姜800克、带皮蒜头300克、红葱头150克、蒜头肉20克、芫荽150克、洋葱300克、川椒10克、桂皮15克、八角15克、丁香5克、香叶6克、豆蔻6克、草果10克、芫荽籽10克、甘草6克、冰糖800克、鸡油350克

调　料 | 鱼露500克、精盐250克、味精100克、生抽100克、老抽300克、白醋10克

制作流程◎腌制猪头肉→炒制香料→制作卤水→卤制→取肉→切件→摆盘→成菜

制 作 步 骤

❶将猪头肉用火枪烧去表面细毛并清洗干净，用150克精盐里外抹均匀腌制2小时待用；

❷将红葱头、洋葱、南姜洗净切片，芫荽洗净并切成长段；

❸烧鼎下入香料（川椒、八角、桂皮、丁香、香叶、豆蔻、草果、芫荽籽、甘草），文火慢炒出香味，装进卤水袋待用；

❹烧鼎下入鸡油，加入带皮蒜头、红葱头片、洋葱片，炸至稍变色且香味尽出，将料渣装进卤水袋，炸好的油盛入盆中待用；

❺烧鼎下水，加入一半冰糖，炒至焦褐色加入开水成糖色待用；

❻卤水桶下入50斤（25千克）清水，加入香料袋、料渣袋、鸡油、糖色、南姜片、蒜头肉，调入适量生抽、老抽、精盐、味精、鱼露、冰糖；

菜肴特点 / 肥瘦相间，咸香爽甘

❼卤水煮开熬制半小时至香料味渗出，加入猪头肉，卤制1.5个小时，中途每隔半小时需吊其离汤再放入，同时加入芫荽头；

❽将卤熟的猪头肉晾凉，再片成薄片并摆盘；

❾放入芫荽叶点缀，并配以蒜泥醋1碟即成。

菜 肴 知 识

1. 卤猪头肉是潮州打冷店常见的卤制品，其味道不同于猪肉，猪头肉肉质紧实，富有胶质；

2. 卤水可以反复利用，但需保存得当，猪头肉异味需去除干净以保护卤水。

风生水起（捞鸡）

主　料｜光鸡1只（约1500克）

辅　料｜草果15克、甘草10克、沙姜80克、八角10克、香叶5克、胡萝卜100克、心里美80克、姜20克、樱桃萝卜80克、大葱30克、洋葱50克、青瓜25克、芫荽50克、虾米100克、干贝200克、川椒5克

调　料｜鱼露200克、精盐20克、味精20克、熟花生油10克、生抽12克、香麻油8克、辣鲜露8克

制作流程◎腌制光鸡→切制配料→调制酱汁→制作卤水→卤制→冷却→切件→装盘→成菜

制作步骤

❶将光鸡洗净沥干水分，盛入盆中调入精盐，里外涂抹均匀腌制半小时待用；

❷将胡萝卜、心里美、樱桃萝卜、大葱、姜、青瓜、洋葱、芫荽均洗净沥干水分切成细丝，沙姜洗净切成片待用；

❸将熟花生油、生抽、香麻油、辣鲜露、味精搅拌均匀成酱汁，盛入奶壶中待用；

❹烧鼎下入香料（川椒、八角、香叶、草果、甘草）文火慢炒出香味，装进卤水袋待用；

❺取1个不锈钢卤水锅，下入清水2500克猛火煮开，加入香料袋、沙姜片、虾米、干

贝，调入适量味精、鱼露，并调校味道；

❻将光鸡去除表面盐分，放入汤锅，抓住鸡头先吊烫鸡身，表面光滑后再加入卤水锅中进行卤制（文火浸卤30分钟）；

❼将卤熟的鸡捞出迅速放入冰水中浸泡半小时，取出沥干水分，切出鸡肉并有序摆盘（鸡皮盖在鸡肉上），围上切好的配料，配以调好的酱汁1小奶壶；

❽食用时淋上酱汁并将所有原料搅拌均匀即成。

菜肴知识

鸡肉卤制完成时趁热放入冰水中，使其表皮迅速冷却形成冰皮。

菜肴特点｜色彩丰富、爽脆咸香

第十四章 　熏、烤

　　熏，指将生原料或经过初步制熟的原料，放置于炭火上或者烟雾中加热，使其熟透并赋予其熏香味的烹饪技法。潮州菜中的熏菜非常巧妙地结合当地盛产的食材进行熏制，将香熏料的香味以烟雾的形式赋予食材风味，所产生的烟雾有独特的香味，如茶叶的茶香、米饭与白糖的焦香、拜神香的香味、香料的复合味等，均为菜肴增添不一样的风味，形成具有潮州菜独有特色的烹饪技法。

　　烤，指将生原料或经过初步制熟的原料，放置于炭火上或烟雾中加热制熟的烹饪技法。潮州菜不同于其他菜系，没有众多的烧烤种类，但却有独特的烤制方法，如"烤土窑"，乃潮州农村人小时候最喜欢的烹饪食材方式，具有潮州菜特色。又比如潮州菜中的"明炉烧响螺"，此菜肴将名贵的食材——响螺，经过腌制再放于炭烤炉上进行烤制而成，用此烹饪方法制作响螺，味道鲜甜富有炭烤香味，高档的食材与朴素的烹饪方式相结合，食过者无不夸赞。

　　熏烤类菜肴制作过程中需注意以下要点：

1. 注意烹饪时间，熏、烤均利用到明火烹饪，其温度较高，若未掌握好烹饪时间及火候，容易过火导致发黑发苦；

　　　2. 适量食用，熏、烤烹饪容易产生多环芳烃类等物质，适当食用无妨，过度则有害。

明炉竹筒鱼

主　　料｜鲩鱼1条（约1 000克）

辅　　料｜猪网油250克、芫荽叶30克、姜20克、葱20克、竹筒1节

调　　料｜生抽20克、精盐2.5克、味精2克、胡椒粉1克、绍酒20克、香麻油3克、
橘油10克

制作流程◎宰杀鲩鱼→腌制→用猪网油包裹鲩鱼→处理竹筒→炭烤→摆盘→成菜

制 作 步 骤

❶宰杀鲩鱼，去除干净鱼鳞、鱼鳃和内脏并清洗干净，晾干水分后在鱼身上两边各划一刀，姜、葱均洗净沥干水分并拍烂待用；

❷将鱼放入盆中，加入姜、葱、绍酒、生抽、精盐、味精、香麻油、胡椒粉，里外抓拌均匀腌制20分钟；

❸猪网油漂水洗净，挤干水分摊开，放入鲩鱼再包裹起来，切去多余边角料并插几个细孔；

❹取一节竹筒（约1米），长度比鱼身稍长，劈开成2瓣，削去多余的细竹并清洗干净；

❺放入鲩鱼，盖上另一边竹子，用铅线包扎紧实（以不漏为佳）；

❻取炭火炉，加入木炭烧至通红，放入竹筒鱼烤制，并不断旋转竹筒以保证受热均匀；

❼烤制15～20分钟（根据鱼的大小调控）至熟，取出鲩鱼并摆盘，放入芫荽叶，伴以橘油1碟即成。

菜 肴 知 识

鲩鱼经过腌制，再吸收猪网油的油脂香味，经过炭火烤制，拥有一种其他烹饪技法所没有的独特香味。

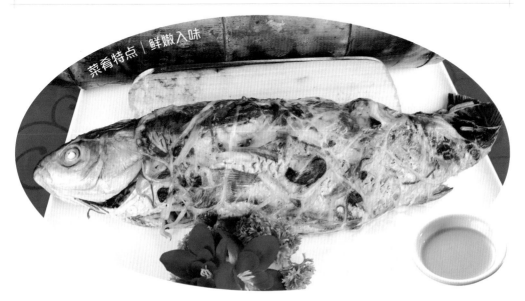

菜肴特点｜鲜嫩入味

明炉烧响螺

主　　料｜大响螺1个（约1 750克）

辅　　料｜姜25克、葱25克、芫荽40克、火腿肉50克、柑1个、青瓜1条

调　　料｜生抽50克、味精5克、胡椒粉1克、绍酒100克、川椒末5克、芥末酱5克、鸡油100克、上汤100克、梅膏酱10克

制作流程◎清洗响螺→处理原料→调制响螺汁→炭烤响螺→取肉→切片→摆盘→成菜

制 作 步 骤

❶用刷子将大响螺螺壳上的泥土及螺肉表面黏液和黑渍刷去；

❷柑去皮切成双飞片，青瓜洗净切片待用；

❸烧鼎下油，油温120℃下入火腿肉炸至金黄且香味尽出捞出，切成薄片待用；

❹姜、葱、芫荽均洗净切成末，盛入碗中，调入适量生抽、味精、胡椒粉、绍酒、川椒末、鸡油、上汤，混合均匀成响螺汁待用；

❺取1个炭火炉，加入木炭烧至通红，放上响螺，底部朝下，从螺口处灌入响螺汁，煮开后倒出，如此反复三次以去除螺肉的腥味；

❻加入响螺汁文火慢烤1小时，直至螺厣脱落，此时螺肉已熟透，并将螺的原汤过滤入碗中，调入适量胡椒粉、鸡油，搅拌均匀，封上保鲜膜放入蒸笼中保温待用；

❼将白毛巾平铺在砧板上，螺口朝下，往白毛巾上敲落，取出螺肉（因螺肉与螺壳已分离）；

❽取1个大盘，摆入柑片和青瓜片，呈扇形待用；

❾去除响螺内脏，将螺壳与螺尾进行摆盘，螺肉去外层硬皮，片成大薄片；

❿取出蒸笼中保温的原汤，将螺肉逐片浸泡原汤后摆盘，配以梅膏酱和芥末酱油（芥末酱＋生抽）各1碟即成。

菜 肴 知 识

潮州菜中响螺一定需要连同螺尾一同上，有"不见螺尾不结账"的说法。

第十四章 熏、烤

姜味熏香鸡

主　　料｜光鸡1只（约1 000克）

辅　　料｜姜50克、葱60克、桂皮5克、甘草5克、八角5克、川椒5克、白米饭50
克、凤凰单丛茶15克、拜神香（不含香料及杀虫药）50克、芫荽50克

调　　料｜精盐10克、味精3克、绍酒30克、白糖30克、猪油100克

制作流程◎腌制整鸡→煮制整鸡→调制酱料→熏制整鸡→切件→摆盘→成菜

制 作 步 骤

❶先将姜去皮洗净切成片，葱洗净取一半切成段，另取一半切成末待用；

❷将光鸡清洗干净并沥干水分，盛入盆中调入适量精盐、绍酒、姜、葱腌制15分钟待用；

❸烧锅下水，下入姜、葱、绍酒、精盐，煮开后手抓整鸡，加入汤汁中后再吊起（吊汤），反复三次后下入整鸡，加盖文火煮制（不沸腾）20分钟至九成熟；

❹烧鼎下猪油，下入葱末、川椒末爆香，

关火调入适量精盐、味精搅拌均匀成川椒油待用；

❺冷鼎下入拜神香、凤凰单丛茶、白糖、白米饭、桂皮、甘草、八角、川椒，再铺上芫荽头、竹箴片，放入煮熟的鸡；

❻加盖开火（先猛火后转文火），熏制10分钟至鸡身呈褐色；

❼取出整鸡，砍件并摆盘；

❽撒入芫荽叶，配以川椒油1碟即成。

菜 肴 知 识

1. 煮制整鸡时，需吊汤、文火煮制以保持鸡皮完整为度；

2. 烟熏无咸鲜味，在煮制整鸡时汤汁需赋予足够咸鲜味；

3. 融合了白米饭和白糖的焦香味、拜神香的香味、香料的复合味、凤凰单丛茶的茶香味，并赋予鸡身颜色。

菜肴特点｜鲜嫩入味

茶香熏乳鸽

主　　料｜乳鸽2只（共约750克）

辅　　料｜凤凰单丛茶50克、姜30克、葱50克、白米饭50克、拜神香（不含香料及杀虫药）50克、芫荽50克

调　　料｜精盐10克、味精3克、绍酒20克、白糖20克、川椒末5克、猪油100克

制作流程◎腌制乳鸽→煮制乳鸽→调制酱料→熏制乳鸽→切件→摆盘→成菜

制 作 步 骤

❶先将姜去皮洗净切成片，葱洗净取一半切成葱段，另取一半切成葱末待用；

❷将乳鸽清洗干净并沥干水分，盛入盆中调入适量精盐、绍酒、姜、葱腌制15分钟待用；

❸烧锅下水，下入姜、葱、凤凰单丛茶、绍酒、精盐，煮开后手抓整鸽，放入汤汁中后再拉起（吊汤），反复三次后下入乳鸽，加盖文火煮制（不沸腾）15分钟至熟；

❹烧鼎下猪油，下入葱末、川椒末爆香，

关火调入适量精盐、味精搅拌均匀成川椒油待用；

❺冷鼎下入拜神香、凤凰单丛茶、白糖、白米饭，再铺上芫荽头、竹篾片，放入煮熟的乳鸽；

❻加盖开火（先猛火后转文火），熏制10分钟至鸽身呈褐色；

❼取出整鸽，砍件并摆盘；

❽撒入芫荽叶，配以川椒油1碟即成。

菜 肴 知 识

此菜肴由"美味熏香鸡"创新而来，以凤凰单丛茶为配料，茶香味突出。

菜肴特点｜茶香味突出

潮式烤干鱿

主　　料｜干鱿鱼300克

辅　　料｜蒜头肉30克、姜20克、葱20克、红辣椒15克、芫荽30克

调　　料｜高度白酒100克、味精2.5克、香麻油20克、生抽10克

制作流程◎调制酱料→烤制干鱿→手撕干鱿→装盘→成菜

制 作 步 骤

❶将蒜头肉、姜、葱、红辣椒、芫荽均洗净切成末，盛入碗中，调入适量味精、香麻油、生抽搅拌均匀成酱汁待用；

❷酒精炉中下入高度白酒，并点燃；

❸干鱿鱼放置于酒精上烤制；

❹烤制片刻至鱿鱼味尽出；撕成小丝并盛入盘中；

❺配以调好的酱汁1碟即成。

菜 肴 知 识

干鱿经过烤制后，其体内香味发挥至极致、鱿鱼香味突出，为下酒零食的绝佳选择。

菜肴特点｜干爽咸香，鱿鱼香味突出

潮式烤方肉

主　　料｜五花肉（带皮）1 500克

辅　　料｜姜20克、葱20克、芫荽30克

调　　料｜精盐10克、麦芽糖20克、老抽20克、川椒末5克、绍酒50克、甜酱10克

制作流程◎腌制五花肉→烤制五花肉→切件→摆盘→成菜

制 作 步 骤

❶将五花肉整块放置于案板上，用火枪烧去表面细毛，并清洗干净，在肉面每隔2厘米划上一刀（一半深）；

❷五花肉盛入盆中，下入适量精盐、川椒末、姜、葱、芫荽、绍酒，抹匀全身腌制2小时；

❸老抽、麦芽糖与温开水（按1：1：4的比例）混匀，淋于猪皮上色，放于通风口晾制1小时；

❹将方肉插入铁叉架，并用铅丝捆绑紧实；

❺将方肉放置于烤炉上烤制，边烤制边旋转；

❻先烤制猪腹部面再烤猪皮面，烤至五分熟时在肉部扎上小孔，防止肉内水分与气泡膨胀导致猪皮起泡；

❼烤制2小时至熟透、外皮呈焦黄酥脆；

❽取出方肉，切件后摆盘，配以芫荽、甜酱各1碟即成。

菜 肴 知 识

潮式烤方肉要求外皮金黄酥脆且平整，对火候掌握要求较高。

菜肴特点｜皮脆肉香

潮式烤乳猪

主　　料｜乳猪1只（约5 000克）

辅　　料｜姜50克、葱100克、芫荽50克、荷叶粿（千层饼）300克、花椒5克、生菜300克、红辣椒30克

调　　料｜精盐20克、绍酒50克、麦芽糖50克、白糖100克、潮州甜酱40克

制作流程◎宰杀乳猪→切制配料→腌制乳猪→烤制乳猪→砍件→摆盘→成菜

制　作　步　骤

❶宰杀乳猪，去除猪毛、内脏并清洗干净，用清水浸泡2小时后沥干水分，砍断腿骨连接处和脊骨，使其平整张开，将猪头劈开取出猪脑，并在4只猪脚上戳出4个洞待用；

菜肴特点｜皮脆肉嫩，甘香松化，颜色金黄

❷姜、葱叶均洗净拍烂，生菜洗净切成直径约10厘米的圆形，芫荽洗净取芫荽头，其余部分切成段待用；

❸葱白切成长约4厘米的段，红辣椒洗净切成小圈并去净辣椒籽，将葱白套入1圈辣椒圈后在葱白两端切成丝，再放入冷水中浸泡片刻至展开，捞出沥干水分成葱白花待用；

❹将乳猪盛入盆中，下入精盐、姜、葱、芫荽头、花椒、绍酒，抹匀全身腌制2小时；

❺烧鼎下水、白糖，炒至焦褐色下入开水搅拌均匀成糖色；

❻将麦芽糖蒸至融化，碗中下入糖色、麦芽糖与清水（按1 : 1 : 3的比例）混匀，淋于乳猪身上上色，放于通风口晾制1小时；

❼烤炉放入木炭，烧至通红；

❽乳猪插入铁叉架，并用铅丝捆绑紧实；

❾将乳猪放置于烤炉上烤制，先烤制猪腹部面再烤猪皮面，烤制时不断转动乳猪，并边烤制边刷上猪油水（猪油与水制成）；

❿烤至滴油（或猪皮冒泡）时再扎上小孔，防止肉内水分与气泡膨胀导致猪皮起泡；

⓫烤制1小时至熟透且外皮上色酥脆；

⓬取出乳猪，将乳猪皮切成均等的长方形片状，再摆回乳猪身上，复原乳猪造型；

⓭配以潮州甜酱4碟、生菜叶1碟、葱花2碟，荷叶粿1碟；

⓮乳猪皮吃完后，将猪头、猪尾、前脚、后脚、肉脯均斩成件后逐块摆放回盘中，再摆上花头（称"四点金"）即成。

菜肴知识

烤制时需不断旋转保持受热均匀，防止单面受热过度而影响成品质量。

潮式土窑鸡

主　　料｜光鸡1只（约1 000克）

辅　　料｜姜20克、葱20克、芫荽头30克、鲜荷叶2张

调　　料｜生抽10克、绍酒20克、沙茶酱15克、味精2克、香麻油2克

制作流程◎制作土窑→腌制光鸡→包裹→烤制→摆盘→成菜

制作步骤

❶用整块泥土砌土窑坑，形似小型宝塔，并从烧火口投放入木材烧制半小时；

❷光鸡盛入盆中，下入姜、葱、芫荽头，调入适量生抽、绍酒、沙茶酱、味精、香麻油，腌制2小时；

❸鲜荷叶包裹腌制好的鸡，包上锡纸再将红土兑入清水成泥，涂抹于锡纸外围；

❹将土窑鸡放入土窑中，推到土块盖住土窑鸡，并盖入一层泥土锁住热量；

❺烤制3小时至土窑鸡熟透，去除泥土、锡纸和荷叶，取出土窑鸡摆盘即成。

菜肴知识

潮式土窑鸡类似"叫花鸡"，区别在于腌料更具有潮州菜特色。

菜肴特点｜软嫩咸香，荷香味突出

潮式烤鳗鱼

主　　料｜乌耳鳗1条（约750克）

辅　　料｜姜20克、葱20克、芫荽30克、熟白芝麻10克

调　　料｜精盐2.5克、川椒末5克、绍酒20克、白糖8克、生抽10克、老抽5克、红豉油10克

制作流程◎宰杀鳗鱼→准备配料→腌制鳗鱼→烤制鳗鱼→切件→摆盘→成菜

制作步骤

❶宰杀乌耳鳗，用开水烫制片刻并刮去表面黏液，切去鳗鱼的头部、尾部、内脏、脊骨，将乌耳鳗肉切成长8厘米的段；

❷姜、葱、芫荽洗净沥干水分待用；

❸将鳗鱼肉盛入盆中，加入适量精盐、生抽、老抽、川椒末、姜、葱、芫荽头、绍酒、白糖，抹匀全身腌制半小时；

❹鳗鱼插入铁叉架，并放置于烤炉上文火烤制，边烤制边翻面；

❺烤至五分熟时刷上红豉油，并继续烤制，烤制20分钟至熟透；

❻取出鳗鱼，切件后摆盘，撒上熟白芝麻；

❼伴以芫荽叶，配以红豉油1碟即成。

菜肴知识

烤制鳗鱼时需控制好火力，不可因火力太大而导致鳗鱼烤糊发苦。

菜肴特点｜软嫩咸香

潮式烤乳鸽

主　　料｜乳鸽2只（共约1 000克）

辅　　料｜姜20克、葱20克、芫荽30克、鲜柠檬1个

调　　料｜生抽10克、五香粉5克、腐乳汁10克、绍酒20克、白糖8克、麦芽糖80克、大红陈醋100克、椒盐粉5克

制作流程◎处理原料→调制脆皮水→腌制乳鸽→烤制乳鸽→砍件→摆盘→成菜

制作步骤

❶宰杀乳鸽，去除内脏与细毛，清洗干净吸干水分待用；

❷姜去皮洗净切成片，葱、芫荽均洗净沥干水分并切成长段待用；

❸将鲜柠檬切成片，盛入碗中，加入适量麦芽糖、大红陈醋、清水，放入炊笼中炊制片刻至麦芽糖融化取出成脆皮水待用；

❹乳鸽盛入盆中，加入姜、葱、绍酒、芫荽头，调入适量生抽、五香粉、腐乳汁、

白糖，搅拌均匀腌制半小时待用；

❺烧锅下入清水，水开后下入乳鸽烫制片刻捞出；

❻烧鼎下脆皮水，水温80℃下入乳鸽吊汤3次后捞起，用S钩吊于通风处晾干；

❼烤炉放入木炭，烧至通红，再将乳鸽吊挂在烤炉内四周，文火烤制30分钟至熟透，取出砍成块状盛入盘中；

❽伴以芫荽叶，配以椒盐粉1碟即成。

菜肴知识

潮式烤乳鸽，用潮州特色调料腌制而成，具有潮州菜风味特色。

菜肴特点｜外脆里香

第十五章　氽、醉

氽，指以水为传导介质，将食材投放于清水或汤汁中，经过较短时间的煮制或浸泡制熟的烹饪技法。

醉，指以水为传导介质，将食材投放于清水或汤汁中，经过较短时间的煮制或炖制制熟的烹饪技法。

此两种烹饪技法大同小异，在潮州菜中属较有特色的烹饪技法，它们均是以水为传导介质，使食材在极短的时间内制熟的烹饪技法。适合较容易熟的食材，同时也有利于突出食材本味。

氽，在极短的时间内制熟菜肴，要求食材足够新鲜，同时也需有极鲜的汤水。潮州菜以清淡、突出本味为特点，氽制技法乃此特点的极致体现，如"上汤氽牛肉""上汤氽斑鱼"等。

醉，本意为饮用酒水导致神智迷糊，潮州菜借用醉酒之意，突出醉制菜肴的香醇，如"醉竹荪""醉花菇"等。不同于氽的是，醉的加热时间相对稍长。

在制作过程中需注意以下要点：

1. 控制时间，氽和醉的烹饪时间均不会太长，加热时间太长会影响食材的鲜嫩度，从而降低菜肴质量；

2. 汤汁温度要够高，食用时要能"烫嘴"。在潮州菜中，讲究"一烫顶三鲜"，汤汁一定要达到80℃以上食用，才能突出汤汁的鲜美。

菜肴特点 | 味鲜肉嫩

上汤汆牛肉

主　　料 | 雪花牛肉500克

辅　　料 | 牛筒骨300克、老鸡400克、芹菜茎10克、豆芽150克

调　　料 | 鱼露8克、味精2克、胡椒粉0.5克、香麻油2克、蒜头膀6克、纯净水2 000克

制作流程◎焯水→制作上汤→切制牛肉→汆制→盛入碗中→调味成菜

制作步骤

❶将牛筒骨、老鸡洗净沥干水分待用；

❷烧鼎下水，下入牛筒骨、老鸡，焯至血水尽出，捞出洗净；

❸烧锅下入纯净水，下入牛筒骨、老鸡，猛火煮开，转文火煨制2小时；

❹烧锅过滤汤水，煮至浮起，再过滤掉鸡胸肉蓉，调入适量鱼露、味精，制作成上汤待用；

❺新鲜雪花牛肉逆纹切成大薄片，芹菜茎洗净切成末待用；

❻烧鼎下入上汤，煮开后加入豆芽汆制片刻捞出垫入碗中，再加入牛肉汆制5秒，即刻倒入豆芽上；

❼撒上胡椒粉、香麻油、蒜头膀、芹菜末即成。

菜肴知识

雪花牛肉切制时注意要逆纹切制呈大薄片，这样易熟且不韧。

上汤氽斑鱼

主　　料｜石斑鱼肉500克
辅　　料｜猪龙骨300克、老鸡400克、鸡胸肉200克、芹菜茎10克、冬菜3克、豆
　　　　　芽100克
调　　料｜鱼露8克、味精2克、胡椒粉1克、香麻油6克、蒜头膥6克、纯净水2 000克
制作流程◎焯水→制作上汤→切制石斑鱼肉→氽制→盛入碗中→调味成菜

制作步骤

❶ 将猪龙骨、老鸡洗净沥干水分待用；

❷ 烧鼎下水，下入猪龙骨、老鸡，焯至血水尽出，捞出洗净；

❸ 烧锅下入纯净水，下入猪龙骨、老鸡，猛火煮开，转文火煨制2小时成清汤；

❹ 鸡胸肉剁成肉蓉，下入清水泻开；

❺ 烧锅过滤清汤，下入鸡胸肉蓉，煮至浮起，再过滤掉鸡胸肉蓉，调入适量鱼露、

味精，制作成上汤待用；

❻ 将石斑鱼肉用柳斜刀切成大片状，芹菜茎洗净切成末待用；

❼ 烧鼎下水，水开下入洗净的豆芽氽制片刻，捞出控干水分盛入碗中；

❽ 上汤煮至沸腾，下入石斑鱼肉氽烫5秒钟，倒入碗中，撒上胡椒粉、香麻油、蒜头膥、冬菜、芹菜末即成。

菜肴知识

1. 鸡胸肉蓉起吸附杂质的作用，使得上汤清；

2. 鱼片较容易熟，只需5秒钟既可氽至八成熟，再用余温泡2分钟，便可达到最佳鲜嫩度。

菜肴特点｜汤汁鲜美，鱼肉鲜嫩

上汤氽鲜鱿麻叶

主　　料｜麻叶500克、鲜鱿鱼600克
辅　　料｜猪龙骨200克、老鸡200克、鸡胸肉100克、
　　　　　蒜头肉20克、鲜草菇25克、胡萝卜30克
调　　料｜鱼露6克、味精2.5克、胡椒粉0.5克、香麻油6
　　　　　克、纯净水800克

菜肴特点｜鲜嫩脆滑，汤鲜微苦

制作流程◎焯水→制作上汤→切制配料→氽制→装盘→调制汤汁→淋入汤汁→成菜

制 作 步 骤

❶猪龙骨、老鸡洗净沥干水分待用；

❷烧鼎下水，加入猪龙骨、老鸡，焯至血水尽出，捞出洗净；

❸烧锅下入纯净水，加入猪龙骨、老鸡，猛火煮开，转文火煨制2小时；

❹鸡胸肉剁成鸡肉蓉，下入清水泻开待用；

❺烧锅过滤汤水，下入鸡胸肉蓉，煮至浮起，再过滤掉鸡胸肉蓉，制作成上汤待用；

❻宰杀鲜鱿鱼，取鱿鱼肉切成麦穗花状（切法见"炒麦穗鲜鱿"），洗净沥干水分待用；

❼麻叶取嫩叶洗净，鲜草菇切成片状，蒜头肉切去头尾，胡萝卜去皮洗净切成笋花状待用；

❽烧鼎润油，下入蒜头肉煸炒出香味至金黄色捞出；

❾烧鼎下水，水开加入麻叶氽10秒捞出，沥干水分装盘待用；

❿烧鼎下入上汤，加入蒜头肉、胡萝卜、鲜草菇片，调入适量鱼露、味精、胡椒粉、香麻油，并调校味道，下入鲜鱿鱼焯制片刻至熟透；

⓫将调好的鱿鱼上汤淋入麻叶中即成。

菜 肴 知 识

麻叶是潮汕地区盛产的一类蔬菜，味道鲜香滑口，具有润肠通便的功效。

开水汆蚶（腌蚶）

主　料｜血蚶1 000克

辅　料｜蒜头肉20克、姜20克、红辣椒20克、芫荽30克

调　料｜味精2克、香麻油20克、生抽40克、花椒油10克、辣椒油10克、辣椒酱
　　　　　10克

制作流程◎切制配料→制作腌料→汆制血蚶→摆盘→淋入腌料→成菜

制 作 步 骤

❶先将蒜头肉、姜、红辣椒均洗净切成末，芫荽头（带茎）切成小段，芫荽叶洗净待用；

❷将蒜末、姜末、红辣椒末、芫荽段盛入碗中，调入适量味精、香麻油、生抽、花椒油、辣椒油，混合均匀成腌料待用；

❸烧鼎下水，煮至80℃（蟹目水）倒入血蚶，汆蚶20秒即倒出沥干水分；

❹取1个圆盘，将血钳掰开留下带着蚶肉的一瓣，整齐摆入盘中，将腌料均匀淋在蚶肉上；

❺配以辣椒酱1碟即成。

菜 肴 知 识

血蚶汆水时温度不可过高，蟹目水（冒小泡）即成，过烫会导致血蚶血水流失影响品质。

菜肴特点｜鲜甜嫩爽

潮式含蚬

主　　料｜沙蚬 1 000 克
辅　　料｜蒜头肉 30 克、红辣椒 20 克、芫荽 30 克、金不换 10 克、姜 20 克
调　　料｜味精 2.5 克、香麻油 20 克、生抽 40 克、辣椒油 10 克、花生油 20 克

制作流程◎处理原料→制作腌料→氽制沙蚬→淋入腌料→成菜

制 作 步 骤

❶ 先将沙蚬盛入盆中，放入清水静置 4 小时使其吐沙待用；

❷ 将蒜头肉、姜、红辣椒均洗净切成末，芫荽头（带茎）切成小段，芫荽叶洗净，金不换取叶洗净切碎待用；

❸ 烧鼎润油，下入蒜末爆香，再调入适量生抽，煮制烧开下入清水、红辣椒末、金不换、芫荽，调入适量味精、香麻油、辣椒油，煮开成腌料并调校味道待用；

❹ 沙蚬洗净放入汤盆中静置，清水煮至 80℃（蟹目水），倒入汤盆中，氽沙蚬 30 秒即倒出沥干水分；

❺ 沙蚬盛入大碗中，淋入腌料，腌制 2 小时即成。

菜 肴 知 识

潮汕含蚬是一道配粥的杂咸，沙蚬用蟹目水氽制，使其半开不开（也称含），此时最为鲜甜、熟度最佳。

菜肴特点｜鲜甜嫩香

卤水氽鹅肠

主　　料｜鲜鹅肠500克

辅　　料｜卤水1 000克、蒜头肉15克、葱20克、姜20克、红辣椒10克

调　　料｜精盐2克、白醋10克、花生油30克

制作流程◎清洗鹅肠→制作蘸料→制作卤水→氽制→切段→装盘→炝三丝→成菜

制 作 步 骤

❶先将鲜鹅肠剔开刮去黏液并清洗干净待用；

❷将蒜头肉剁成泥，调入适量精盐和白醋，搅拌均匀成蒜泥醋待用；

❸将葱、姜、红辣椒均洗净切成丝，混合均匀浸泡冷水成三丝待用；

❹卤水（制作方法见"卤水狮头鹅"）煮至沸腾，加入鹅肠，三上三下氽制8秒，捞出切成段摆盘，并放上三丝；

❺烧鼎下花生油，油温升至200℃，淋于三丝上；

❻配以蒜泥醋1碟即成。

菜 肴 知 识

鹅肠要注意卤制时间，不熟难以咀嚼，过熟容易太老而咬不动，一般卤水煮开，氽制三上三下即熟。

菜肴特点｜爽脆咸香

清醉竹荪

主　　料｜干竹荪50克、干贝50克
辅　　料｜排骨100克、鸡脚150克、芹菜茎10克、姜15克、葱15克
调　　料｜精盐2.5克、味精2克、上汤1 000克、胡椒粉0.5克、绍酒15克

制作流程◎泡发竹荪→切制配料→焯水→盛入炖盅→醉制→调味→成菜

制作步骤

❶将干竹荪用温水泡发半小时，洗净后剪去黑色部分和去除杂质，并漂洗3次，捞出沥干水分；

❷将竹荪逐条剪去头部与尾部，成长约3厘米的段待用；

❸将排骨、鸡脚砍成块，烧鼎下水，冷水下入排骨、鸡脚、姜、葱、绍酒，焯至无血水捞出，漂洗干净待用；

❹芹菜茎洗净沥干水分切成末待用；

❺取1个炖盅，下入竹荪、干贝，加入排骨、鸡脚、上汤，加盖放入炊笼中醉制30分钟；

❻取出掀盖，调入适量精盐、味精、胡椒粉，并调校味道；

❼撒入芹菜末即成。

菜肴知识

竹荪使用野竹荪，肉质更加厚实，风味更佳。

菜肴特点｜清甜咸鲜

清醉螺片

主　　料｜角螺4个（约1 000克）

辅　　料｜猪龙骨300克、鸡脚100克、芹菜茎10克、酸菜茎50克、姜20克、葱20克

调　　料｜精盐8克、味精2克、上汤300克、胡椒碎5克、绍酒15克

制作流程◎切制螺片→切制配料→焯水→盛入炖盅→醉制→调味→成菜

制 作 步 骤

❶将角螺去壳取出螺肉，盛入盆中加入少量精盐抓拌，再用刷子刷去表面黏液和黑渍并清洗干净，片成大薄片漂水半小时待用；

❷将猪龙骨、鸡脚砍成段，芹菜茎洗净切成末，酸菜茎洗净切成片待用；

❸烧鼎下水，下入姜、葱、绍酒、猪龙骨、鸡脚焯至无血水捞出，漂冷水待用；

❹取1个炖盅，下入猪龙骨、鸡脚、上汤、胡椒碎，加盖放入炊笼中醉制1小时；

❺取出掀盖，下入螺片、酸菜茎，调入适量精盐、味精，并调校味道，再醉制10分钟即成；

❻撒入芹菜末即成。

菜 肴 知 识

螺片可使用其他海螺替代，要求肉质饱满紧实、螺味鲜甜。

菜肴特点｜鲜甜爽脆

松茸菇醉鲍鱼

主　　料 | 松茸菇200克、6头鲍鱼500克

辅　　料 | 排骨300克、鸡脚100克、芹菜茎120克、姜10克、葱20克

调　　料 | 精盐2.5克、味精2克、胡椒粉0.5克、绍酒15克、纯净水1 000克

制作流程◎处理原料→切制配料→焯水→盛入炖盅→醉制→调味→成菜

制 作 步 骤

❶先将松茸菇用清水清洗后，用纯净水浸泡2小时，松茸菇捞出沥干水分去蒂洗净，松茸菇水过滤后倒进碗中，芹菜茎洗净切成末待用；

❷宰杀鲍鱼，取出鲍鱼肉，刷净黏液与黑渍待用；

❸排骨、鸡脚均砍成段，烧鼎下水，冷水加入姜、葱、绍酒，焯至无血水捞出漂冷水待用；

❹取1个炖盅，下入松茸菇、鲍鱼，加入排骨、鸡脚、松茸菇水，加盖放入炊笼中醉制90分钟；

❺取出掀盖，调入适量精盐、味精、胡椒粉，并调校味道；

❻撒入芹菜末即成。

菜 肴 知 识

1. 多少头鲍鱼代表1斤（500克）鲍鱼有多少只，6头鲍鱼即1斤（500克）鲍鱼有6只；

2. 松茸菇营养较高，具有祛风散寒、美容养颜的功效。

菜肴特点 | 汤鲜味美，鲍鱼爽脆

羊肚菌醉海参

主　　料｜干羊肚菌15克、水发辽参400克

辅　　料｜猪龙骨200克、鸡脚200克、芹菜茎10克、姜20克、葱20克

调　　料｜精盐2.5克、味精2克、绍酒10克、胡椒粉0.5克、纯净水1 000克

制作流程◎处理原料→切制配料→焯水→盛入炖盅→醉制→调味→成菜

制作步骤

❶ 先将干羊肚菌用清水清洗后，用纯净水浸泡2小时，羊肚菌捞出沥干水分，羊肚菌水过滤后倒进碗中，芹菜茎洗净切成末待用；

❷ 水发辽参去除内脏并清洗干净待用；

❸ 猪龙骨、鸡脚砍成段烧鼎下水，冷水下入姜、葱、绍酒，焯至无血水捞出漂冷水待用；

❹ 取1个炖盅，下入羊肚菌、猪龙骨、鸡脚、羊肚菌水，加盖放入炊笼中醉制1小时；

❺ 取出掀盖，加入辽参，调入适量精盐、味精，并调校味道，再炖制10分钟，取出撒上芹菜末、胡椒粉即成。

菜肴知识

羊肚菌和海参均属于高档食材，羊肚菌具有润肠通便、提高机体代谢的作用，而海参具有补气养血、保护心血管的作用。

菜肴特点｜爽脆咸鲜

第十六章　荷包

　　荷包，即将食物配料塞入完整的食物主料体中并封实，再进行加热制熟的烹饪手法。

　　荷包对于刀法和手法的技术要求均比较高，最难的点在于主料的处理，要求主料只留单口，表皮完整无破损。荷包技法能使副料吸收主料香味，而主料也能吸收副料的复合味，主料包裹副料，相吸相给，菜肴风味独特，口感丰富。

　　荷包技法在潮州菜中分为拆骨荷包和包裹荷包两种类型。

　　1. 拆骨荷包：对整只动物活体宰杀后，只开单口并去除骨头，一般采用体积不大的动物，如乳鸽、鸡、鸭、鱼等，对其进行脱骨，并以灌水不漏为合格标准。此类对于技术要求较高，如"清炖荷包鸽""白菜穿鸡"等；

　　2. 包裹荷包：利用叶菜类原料，包裹其他食材并不留口，再进行烹饪。此类多数菜肴多使用炊和炖的烹饪技法，因荷包菜肴目的在于使主副料相互吸收风味，炊和炖为最佳体现的烹饪技法，如"荷包鳗鱼"等。

　　在制作荷包菜肴时，要注意以下要点：

　　　　1. 制作拆骨荷包主料时，要做到手法娴熟连贯，若慢慢去骨或反复拉扯去骨，手掌温度会影响肉质质量，同时产生碎骨碎肉影响菜肴质量；

　　　　2. 食材原料丰富，除了主料，在潮州菜中，荷包菜肴的辅料一般较为丰富，起着增加口感及风味的作用。

龙穿虎肚

主　料 | 乌耳鳗1000克、猪直肠700克、五花肉100克

辅　料 | 湿香菇50克、蒜头肉50克、姜20克、葱20克、芫荽头30克，红辣椒10克、咸草4根

调　料 | 花雕酒30克、老抽50克、胡椒粉1.5克，白糖20克、生抽30克、味精2克、香麻油2克、上汤200克、花生油1000克（耗50克）、甜酱油10克

制作流程 ◎ 腌制乌耳鳗→制作馅料→荷包猪肠条→炸制→炆制→炸制→切件→装盘→成菜

制 作 步 骤

❶ 宰杀乌耳鳗，放入盆中下入90℃的水烫制片刻捞出刮去黏液并清洗干净，去除骨头和头尾，取乌耳鳗肉盛入碗中，加入姜、葱、芫荽头，调入花雕酒、生抽、胡椒粉搅拌均匀腌制半小时待用；

❷ 将五花肉去皮切成丝盛入碗中，调入适量生抽、味精、胡椒粉、香麻油，腌制半小时待用；

❸ 将蒜头肉切成厚片，湿香菇去蒂挤干水分切成丝，猪直肠洗净待用；

❹ 烧鼎下油，油温150℃分别下入香菇丝、蒜头片炸至干香捞出待用；

❺ 将腌制好的鳗鱼加入蒜头片、香菇丝、五花肉丝，再灌入猪肠内（鳗鱼皮朝外），两头用咸草扎紧，猪肠表面抹上老抽；

❻ 烧鼎下油，油温150℃下入猪肠条炸至金黄色捞起；

❼ 烧鼎润油，下入姜、葱、红辣椒、芫荽头爆香，再加入上汤、生抽、白糖，猛火煮开后转文火炆制40分钟；

❽ 取出猪肠条并控干汤汁，烧鼎下油，油温150℃下入猪肠条炸至皮酥脆捞起；

❾ 将猪肠条切件并摆盘，配以甜酱油1碟即成。

菜 肴 知 识

注意鳗鱼的细骨要去干净，食用时不易扎嘴。

菜肴特点 | 外脆里嫩、咸香美味

雪耳荷包鸽

主　　料｜乳鸽2只（共约1 000克）、干银耳15克、鲜莲子50克

辅　　料｜猪龙骨300克、葱15克、姜15克、枸杞5克

调　　料｜精盐3克、味精2克、胡椒粉0.5克、绍酒20克、上汤800克

制作流程◎整鸽脱骨、漂水→泡发银耳、鲜莲子→荷包乳鸽→焯水→盛入炖盅→炖制→调味→成菜

制 作 步 骤

❶宰杀乳鸽并去除细毛与内脏，清洗干净后从脖子下方处开1个口，拉出脖子，再剪断翅翼与身骨连接部，往下慢翻脱下乳鸽皮与肉，到尾巴处切下身骨，使得骨肉分离（要求骨头不带肉）；

❷取出身骨，翅翼根部及腿根部用刀背刮断筋膜，再从乳鸽内部往外翻，取出翅根骨与腿根骨，整鸽脱骨完成（以装水不漏为标准）；

❸将乳鸽盛入碗中，漂水半小时至无血渍并拔去残留的细毛待用；

❹干银耳冷水泡发30分钟，再撕成小块，鲜莲子冷水浸泡10分钟，再放入炊笼中炊制15分钟取出待用；

❺猪龙骨砍成小段，烧鼎下水，加入猪龙骨、姜、葱、绍酒焯至无血水捞出洗净待用；

❻乳鸽撑开开口，腹部塞入银耳、鲜莲子（8分满）并用牙签封锁住开口；

❼烧鼎下水，水开下入乳鸽焯水片刻，捞出漂冷水待用；

❽炖盅下入乳鸽、猪龙骨、上汤，加盖放入炊笼中炊制2小时；

❾取出撇去表面多余油脂，调入适量精盐、味精、胡椒粉，并调校味道，再撒上枸杞即成。

菜 肴 知 识

此菜肴考究整鸽脱骨的技艺，难点在于脱骨不破皮，再取出身骨时可用刀背轻敲乳鸽皮，但不可大力撕扯。

菜肴特点｜汤鲜肉嫩，口感丰厚

红烧鸽吞翅

主　料｜乳鸽2只（共约1000克）、水发鱼翅300克

辅　料｜葱30克、姜30克、蒜头肉30克、湿香菇30克、西兰花300克、火腿肉
　　　　20克

调　料｜精盐3克、味精3克、胡椒粉1克、香麻油3克、生抽10克、老抽4克、鲍
　　　　汁8克、鸡汁4克、绍酒15克、浓汤800克、生粉水30克、花生油1000
　　　　克（耗50克）

制作流程◎整鸽脱骨→腌制→切制配料→制作荷包鸽→红烧→摆盘→调芡→淋芡→成菜

制作步骤

❶宰杀乳鸽并去除细毛与内脏，清洗干净后从脖子下方处开1个口，拉出脖子，再剪断翅翼与身骨连接部，往下慢翻脱下乳鸽皮与肉，到尾巴处切下身骨，使得骨肉分离（要求骨头不带肉）；

❷取出身骨，翅翼根部及腿根部用刀背刮断筋膜，再从乳鸽内部往外翻，取出翅根骨与腿根骨，整鸽脱骨完成（以装水不漏为标准）；

❸乳鸽盛入碗中，调入适量精盐、味精、胡椒粉、姜、葱、绍酒，抓拌均匀腌制30分钟；

❹蒜头肉去头尾，湿香菇去蒂挤干水分切成角，西兰花改刀成小块，火腿肉切成丝待用；

❺乳鸽撑开开口，腹部塞入水发鱼翅和火腿肉丝（8分满）并用牙签封锁住开口；

❻烧鼎下水，水开下入西兰花焯水至熟捞出，再重新烧水，将开水淋于乳鸽身上，

菜肴特点｜口感厚实，味道浓郁

使其表皮收缩至紧实光滑；

❼烧鼎下油，油温150℃下入乳鸽炸至定形上色捞出；

❽烧鼎润油，下入香菇角、蒜头肉爆香，加入浓汤，调入适量精盐、味精、胡椒粉、香麻油、生抽、老抽、鲍汁、鸡汁，煮制成红烧汁；

❾下入乳鸽，加盖文火炖制50分钟；

❿取出乳鸽摆盘，西兰花围在乳鸽周围，原汤过滤并加入生粉水勾芡，加入包尾油，淋于乳鸽上即成。

菜肴知识

此菜肴由清汤鸽吞翅创新而来，用红烧技法赋予其不一样的风味。

白菜穿鸡

主　料｜三黄鸡1只（约1 500克）、白菜500克
辅　料｜五花肉200克、鲜草菇100克、火腿肉20克、姜20克、葱20克、芫荽30克
调　料｜精盐4克、味精3克、胡椒粉1克、绍酒20克、香麻油2克、上汤1 000克、生粉水20克、花生油1 000克（耗50克）

制作流程◎整鸡脱骨→腌制→炸制配料→荷包整鸡→炸制→炖制→摆盘→勾芡→淋芡→成菜

制 作 步 骤

❶宰杀三黄鸡并去除细毛与内脏，清洗干净后从脖子下方处开1个口，拉出脖子，再剪断翅翼与身骨连接部，往下慢翻脱下整鸡皮与肉，到尾巴处切下身骨，使得骨肉分离（要求骨头不带肉）；

❷取出身骨，翅翼根部及腿根部用刀背刮断筋膜，再从整鸡内部往外翻，取出翅根骨与腿根骨，整鸡脱骨完成（以装水不漏为标准），放入盆中用清水漂洗干净待用；

❸整鸡盛入碗中，调入适量精盐、味精、胡椒粉、姜、葱、绍酒，抓拌均匀腌制30分钟；

❹鲜草菇去蒂切成2瓣，白菜取嫩叶洗净，芫荽洗净沥干水分，火腿肉拉油切成丁待用；

❺烧鼎下油，油温150℃下入白菜、草菇，略炸片刻捞出，漂洗干净待用；

❻将白菜、鲜草菇、火腿肉丁盛入碗中，调入适量精盐、味精、胡椒粉、香麻油，抓拌

菜肴特点｜荤素结合，软烂入味

均匀塞入鸡腹部（8分满），并用牙签封口；

❼烧鼎下油，油温150℃下入整鸡，炸至金黄捞出；

❽砂锅垫入竹篾片，铺上一层五花肉，加入整鸡、上汤，调入适量精盐、味精、胡椒粉、香麻油，加盖中火炖制30分钟至软烂（筷子插入无阻力）；

❾取出整鸡摆盘，原汤过滤倒入锅中，并调校味道，加入生粉水勾芡，再淋于整鸡上，盘周围上芫荽即成。

菜 肴 知 识

白菜穿鸡是一道经典的传统潮州菜，体现出潮州菜"粗料细做"的特点。

糯米酥鸡

主　　料｜三黄鸡1只（约1 000克）、糯米150克

辅　　料｜湿香菇20克、虾米20克、叉烧肉50克、莲子50克、板栗50克、腊肠50克、芋头100克、胡萝卜20克、姜20克、葱20克、芫荽30克

调　　料｜精盐4克、味精3克、胡椒粉1克、绍酒20克、香麻油2克、花生油1 000克（耗50克）、橘油10克

制作流程◎整鸡脱骨→腌制→切制配料→炒制馅料→荷包整鸡→炊制→炸制→切件→摆盘→成菜

制作步骤

❶宰杀三黄鸡并去除细毛与内脏，清洗干净后从脖子下方处开1个口，拉出脖子，再剪断翅翼与身骨连接部，往下慢翻脱下整鸡皮与肉，到尾巴处切成下身骨，使得骨肉分离（要求骨头不带肉）；

❷取出身骨，翅翼根部及腿根部用刀背刮断筋膜，再从整鸡内部往外翻，取出翅根骨与腿根骨，整鸡脱骨完成（以装水不漏为标准），放入盆中漂洗干净待用；

❸整鸡盛入碗中，下入精盐、味精、胡椒粉、姜、葱、绍酒，抓拌均匀腌制30分钟待用；

❹糯米洗净加入适量清水，放入炊笼中炊制20分钟至熟待用；

❺湿香菇去蒂挤干水分切成小丁，莲子去心切成2瓣，板栗、胡萝卜、芋头、腊肠、叉烧肉、虾米均切成小丁待用；

❻烧鼎下水，下入胡萝卜丁、芋头丁、莲子丁、板栗丁焯水3分钟捞出；

❼烧鼎润油，下入香菇丁、虾米丁爆香，加入叉烧肉丁、腊肠丁、芋头丁、板栗丁、胡萝卜丁，调入适量精盐、味精、胡椒粉、香麻油，翻炒片刻后下入糯米饭，翻炒均匀并调校味道；

菜肴特点｜外脆里香，口感丰富

❽将糯米馅料塞入鸡腹部（8分满），并用牙签封口；

❾将整鸡放入炊笼中炊制40分钟，并压扁待用；

❿烧鼎下油，油温180℃下入整鸡炸至金黄酥脆捞出；

⓫切成件摆盘，点缀上芫荽叶，配以橘油1碟即成。

菜肴知识

注意八宝饭塞入时不可过满，需留有空间，以便炊制完可压扁。

香酥葫芦鸭

主　　料｜鸭脖400克、糯米200克

辅　　料｜湿香菇20克、虾米20克、叉烧肉50克、莲子50克、板栗50克、腊肠50克、芋头100克、胡萝卜20克、水草250克、芫荽30克

调　　料｜精盐4克、味精3克、胡椒粉1克、香麻油2克、花生油1 000克(耗50克)、橘油10克

制作流程◎鸭脖去骨→切制配料→炒制馅料→制作荷包鸭→炆制→炸制→切件→摆盘→成菜

制 作 步 骤

❶鸭脖去骨取皮并去除细毛洗净，糯米泡水2小时，放入炊笼中炆制20分钟至熟待用；

❷湿香菇去蒂挤干水分切成小丁，莲子去心切成2瓣，板栗、胡萝卜、芋头、腊肠、叉烧肉、虾米均切成小丁待用；

❸烧鼎下水，下入胡萝卜丁、芋头丁、莲子丁焯水3分钟捞出；

❹烧鼎润油，下入香菇丁、虾米丁爆香，加入叉烧肉丁、腊肠丁、板栗丁、芋头丁、胡萝卜丁、莲子瓣，调入适量精盐、味精、胡椒粉、香麻油，翻炒片刻后加入糯米饭，翻炒均匀并调校味道；

❺将鸭脖一侧用水草捆绑紧实，再塞入糯米饭至1/3处，并用水草捆绑，再塞入糯米饭(7分满)，再用水草捆绑，呈葫芦形；

❻烧鼎下水，水开淋于葫芦鸭上，使其表面光滑平整；

❼将葫芦鸭放入炊笼中炆制20分钟；

❽烧鼎下油，油温180℃下入葫芦鸭炸至金黄酥脆捞出；

❾切件摆盘，点缀上芫荽叶，配以橘油1碟即成。

菜 肴 知 识

注意八宝饭塞入时不可过满，否则会因胀大而破裂。

菜肴特点｜形似葫芦，外脆里香，口感丰富

八宝荷包鲜鱿

主　　料｜鲜鱿鱼600克、糯米100克

辅　　料｜湿香菇15克、虾米15克、叉烧肉50克、莲子
30克、板栗30克、腊肠30克、芫荽30克

调　　料｜精盐3克、味精3克、胡椒粉0.5克、香麻油2
克、老抽20克、花生油1 000克（耗50克）、
橘油10克

制作流程◎鲜鱿取肉→炊制糯米→切制配料→炒制馅料→荷包鲜鱿→炊制→炸制→切件→摆盘→成菜

制 作 步 骤

❶鲜鱿鱼去除头部、鱿鱼翼、外膜、鱿鱼骨，用筷子在身体内搅动拉出内脏及内膜，并清洗干净待用；

❷糯米泡水2小时，放入炊笼中炊制20分钟至熟待用；

❸湿香菇去蒂挤干水分切成小丁，莲子去心切成2瓣，板栗、腊肠、叉烧肉、虾米均切成小丁待用；

❹烧鼎下水，下入莲子瓣焯水3分钟捞出；

❺烧鼎润油，下入香菇丁、虾米丁爆香，加入叉烧肉丁、腊肠丁、板栗丁、莲子瓣，调入适量精盐、味精、胡椒粉、香麻油，翻炒片刻后下入糯米饭，翻炒均匀并调校味道；

❻鱿鱼塞入糯米饭（8分满），用牙签扎紧开口处；

❼烧鼎下水，水开淋于荷包鱿鱼上，使其表面光滑平整；

❽将荷包鱿鱼放入炊笼中炊制10分钟，沥干水分后在表面涂抹老抽待用；

❾烧鼎下油，油温180℃下入荷包鱿鱼炸至金黄色捞出；

❿切件摆盘，点缀上芫荽叶，配以橘油1碟即成。

菜 肴 知 识

1. 注意八宝饭塞入时不可过满，否则会因胀大而破裂；

2. 炸制时油温不可过高，否则也会因胀大而破裂。

菜肴特点｜外脆里香，口感丰富

清炖荷包鸭

主　　料｜青脚水鸭1只（约1 500克）、鸭胗50克、薏米100克、火腿肉20克、湿香
菇50克、五花肉50克、鲜虾肉50克

辅　　料｜排骨200克、葱30克、姜30克、芹菜茎10克

调　　料｜精盐4克、味精3克、胡椒粉0.8克、绍酒30克、上汤800克

制作流程◎整鸭脱骨→腌制→处理原料→制作荷包鸭→盛入炖盅→炖制→调味→成菜

制 作 步 骤

❶宰杀青脚水鸭并去除细毛与内
脏，清洗干净后从脖子下方处开1
个口，拉出脖子，再剪断翅翼与身
骨连接部，往下慢翻脱下水鸭皮与
肉，到尾巴处切下身骨，使得骨肉
分离（要求骨头不带肉）；

❷取出身骨，翅翼根部及腿根部用
刀背刮断筋膜，再从水鸭内部往外
翻，取出翅根骨与腿根骨，整鸭脱
骨完成（以装水不漏为标准），盛入
盆中用清水漂洗干净待用；

❸水鸭盛入碗中，调入适量精盐、
味精、胡椒粉、姜、葱、绍酒，抓
拌均匀腌制30分钟；

❹鸭胗洗净切成丁，薏米温水泡发2小
时，火腿肉拉油后切成丁，湿香菇去蒂切
成丁，芹菜茎切成末，五花肉切成丁，鲜
虾肉背部划一刀去除虾肠并洗净切成粒，
排骨砍成小段待用；

❺烧鼎下水，下入鸭胗丁和鲜虾粒焯水片
刻倒出，薏米放入炊笼中炊制15分钟至熟
待用；

❻烧鼎下水，下入排骨、姜、葱、绍酒焯

菜肴特点｜汤鲜肉嫩，口感丰厚

至无血水捞出洗净；

❼水鸭撑开开口，腹部塞入鸭胗丁、火腿
肉丁、香菇丁、虾丁、五花肉丁（8分满）
并用牙签封锁住开口；

❽炖盅下入排骨、水鸭、上汤，加盖放入
炊笼中炖制2小时；

❾取出撇去表面多余油脂，调入适量精
盐、味精、胡椒粉，并调校味道，再撒上
芹菜末即成。

菜 肴 知 识

水鸭选用小只品种，大只腥味过重且体积过于庞大。

荷包水鱼

主　　料｜水鱼1只（约800克）、鸡胗50克、薏米30克、火腿肉20克、湿香菇30克、五花肉50克

辅　　料｜排骨300克、葱30克、姜30克、芹菜茎10克、水草2根

调　　料｜精盐4克、味精3克、胡椒粉0.8克、香麻油2克、绍酒30克、上汤800克

制作流程◎宰杀水鱼→制作馅料→荷包水鱼→盛入炖盅→炖制→成菜

制作步骤

❶在水鱼颈部划一刀，让血流净，将水鱼盛入盆中，下入80℃的水，并撕去水鱼外膜；

❷水鱼腹部划开，去除内脏和多余的油脂；

❸薏米冷水浸泡2小时，排骨砍成小段洗净待用；

❹烧鼎下水，下入排骨、姜、葱、绍酒焯至无血水捞出洗净，烧鼎再下清水，水开加入水鱼、姜、葱、绍酒焯至无血水捞出洗净待用；

❺水鱼盛入碗中，调入适量精盐、味精、胡椒粉，抓拌均匀腌制10分钟；

❻鸡胗洗净切成丁，火腿肉拉油后切成

丁，湿香菇去蒂切成丁，芹菜茎切成末，五花肉切成丁待用；

❼烧鼎下水，下入鸡胗丁、薏米焯水片刻倒出；

❽水鱼腹部塞入所有原料（8分满）并用水草捆绑紧实；

❾炖盅下入排骨、水鱼、上汤，加盖放入炊笼中炊制2小时；

❿取出撇去表面多余油脂，调入适量精盐、味精、胡椒粉、香麻油，并调校味道，再撒上芹菜末即成。

菜肴知识

水鱼无需太大只，中等大小即可。

菜肴特点｜汤鲜肉嫩，口感丰富

潮式荷包鱼

主　　料 | 黄花鱼1条（约800克）、薏米30克、火腿肉15克、湿香菇30克、五花肉50克、虾胶50克

辅　　料 | 葱20克、姜20克、红辣椒10克、芹菜茎20克

调　　料 | 精盐2克、鱼露5克、味精3克、胡椒粉1克、香麻油2克、绍酒30克、生粉水20克、上汤150克、花生油50克

制作流程◎宰杀黄花鱼→制作馅料→制作荷包鱼→炆制→装盘→成菜

制 作 步 骤

❶将黄花鱼放血去鳞去腮，尾部折断鱼脊骨，再从鱼嘴处插入两支筷子，搅动7～8圈，拉出鱼内脏和鱼脊骨，冲洗干净待用；

❷黄花鱼盛入碗中，调入适量精盐、味精、胡椒粉、姜、葱、绍酒，抓拌均匀腌制10分钟待用；

❸薏米温水泡发2小时，火腿肉拉油后切成丁，湿香菇去蒂切成丁，五花肉切成丁，红辣椒切成丝，芹菜茎切成段待用；

❹烧鼎润油，下入火腿肉丁、香菇丁、五花肉丁爆香，再加入薏米、上汤，调入适量精盐、味精、胡椒粉，加入生粉水勾芡；

❺鱼腹部塞入调好的馅料（8分满），并用虾胶封口；

❻烧鼎润油，下入荷包鱼烙制，烙单面定形后，加入上汤，调入适量鱼露、味精、胡椒粉，加盖炆制3分钟；

❼掀盖加入红辣椒丝、芹菜段、胡椒粉、香麻油，再转猛火收汁，装盘即成。

菜 肴 知 识

潮式荷包鱼难点在于从鱼嘴处取出内脏与鱼骨，注意筷子要紧贴鱼脊骨搅动。

菜肴特点 | 鲜嫩咸香，口感丰富

第十七章　酿

酿，是潮州菜中很常用的烹饪手法，指将馅料或蓉胶塞入或嵌于食物原料上的烹饪手法。

潮州菜中的手工菜占比居多，这与潮州的历史文化有关。潮州地处我国东南角，在古时陆路交通不发达，与外界缺乏联系，这虽然对潮州的经济发展产生了一定影响，但民间的手工业、手工制品却极为成熟。潮州的工艺美术行业在我国独树一帜，金漆木雕、潮绣、抽纱、麦秆画、嵌瓷、泥塑、手拉壶、竹编制品等极其精美细致，这与潮州人的智慧、手工活密不可分。

在此背景下，潮州菜师傅受民间手工制品的影响，同样研发出许多精细的手工菜，其中许多手工菜肴均离不开"酿"的手法。

酿制，是给菜肴定形的一种重要手法，潮州菜师傅利用虾胶、鱼胶、肉酱等食材具有黏附力的特性，将其塞入或嵌于主食材上，变换不同的造型和烹饪技法，制作出许多美观、精细的菜肴，如"酿百花鸡""酿锦鲤虾"等。

酿制分为塞入酿和嵌入酿两种类型。

1. 塞入酿：指将馅料或蓉胶填入圆形的食材中，此类手法制作的菜肴馅料饱满丰富、里外口感层次多样，如"酿金钱鱼鳔""炆酿苦瓜"等；

2. 嵌入酿：指将馅料或蓉胶嵌于食材上，让食材呈现不同的造型，如"酿百花鸡""酿百花干鱿"等。

在酿制过程中，要注意以下要点：

1. 蓉胶要起胶性，蓉胶为动物性食材经过剁蓉后摔打至起胶性的食材，下入食用精盐有利于胶性的形成，胶性足口感才够爽脆；

2. 蓉胶表面要光滑平整，无论何种酿制类型，不可凹凸不平，可用清水、鸡蛋清、花生油等原料辅助修整，成品菜肴才美观。

3. 粘手或粘食材可抹清水，因蓉胶类食材遇水则软，水能使蓉胶与其他物质形成一层隔断物。

百花彩鸡

主　　料｜嫩鸡1只（约1 000克）、对虾500克

辅　　料｜白膘肉30克、荸荠肉20克、鸡蛋清35克、芹菜茎20克、熟火腿肉25克、
韭黄15克

调　　料｜精盐6克、味精3克、胡椒粉1克、香麻油3克、生粉水20克、上汤150克、
花生油30克

制作流程◎宰杀嫩鸡→腌制→制作虾胶→切制配料→制作百花馅→酿制百花鸡→炊制→
切件→勾芡→装盘→淋芡→成菜

制 作 步 骤

❶宰杀嫩鸡并去除细毛与内脏，清洗干净
后用刀砍去鸡翅与鸡脚，拆出全部鸡肉，
把近皮部分的肉连皮片出，鸡胸肉留用；

❷整片鸡肉剞上花刀，盛入碗中调入精
盐、味精、胡椒粉、香麻油腌制5分钟待用；

❸将对虾去除头壳，取虾肉并在背部用刀片
开去除虾肠，将虾肉清洗干净后吸干水分，
放于砧板上用刀拍扁后剁成虾蓉，盛入碗
中，调入适量精盐、味精、鸡蛋清，用筷子
搅拌均匀再用手摔打至起胶待用；

❹将白膘肉、熟火腿肉、荸荠肉、芹菜
茎、韭黄均切成末，韭黄末、荸荠末挤干
水分待用；

❺鸡胸肉剁成蓉，与虾胶一同盛入碗中，

再加入白膘肉末、韭黄末、荸荠末，搅拌
均匀成百花馅待用；

❻取1个圆盘并抹上花生油，将鸡腿肉平
铺于盘中，鸡皮朝下，再酿上百花馅，修
整至平整；

❼将百花鸡平分成均等两边，一边撒上芹
菜末，另一边撒上熟火腿肉末；

❽将百花鸡放入炊笼中炊制15分钟至熟；

❾烧鼎下入上汤，调入适量精盐、味精、
胡椒粉、香麻油，加入生粉水勾芡，再加
入包尾油，调成玻璃芡；

❿将百花鸡切成均等的块状，并相间摆
盘，淋上玻璃芡即成。

菜肴知识

百花馅在潮州菜中一般指虾胶制成的馅料。

酿百花干鱿

主　　料｜干鱿鱼250克、鲜虾1 000克

辅　　料｜白膘肉30克、韭黄30克、火腿肉20克、荸荠肉30克、鸡蛋清35克

调　　料｜精盐5克、味精3克、胡椒粉0.8克、香麻油2克、特级生粉20克、高度白酒100克、花生油1 000克（耗50克）、橘油10克

制作流程◎敲打鱿鱼→切制配料→制作虾胶→制作百花馅→酿制百花干鱿→炊制→炸制→切件→装盘→成菜

制 作 步 骤

❶将干鱿鱼撕去外膜，用高度白酒烤熟，放于砧板上，用刀背敲打鱿鱼身，直至松散平整；

❷将白膘肉、韭黄、火腿肉、荸荠肉均切成末，韭黄末、荸荠末挤干水分待用；

❸将鲜虾去除头壳，取虾肉并在背部用刀片开去除虾肠，将虾肉清洗干净后吸干水分，放于砧板上用刀拍扁后剁成虾蓉，盛入碗中，调入适量精盐、味精、胡椒粉、香麻油、鸡蛋清，用筷子搅拌均匀再用手摔打至起胶待用；

❹虾胶盛入碗中，加入白膘肉末、韭黄末、火腿肉末、荸荠末，搅拌均匀成百花馅；

❺干鱿鱼单面拍上特级生粉，并酿上百花馅，修整至平整，抹上鸡蛋清并撒上火腿肉末；

❻将百花干鱿鱼放入炊笼中炊制10分钟至熟；

❼烧鼎下油，油温150℃下入百花干鱿，炸至金黄上色捞出，并切成件摆盘配以橘油1碟即成。

菜 肴 知 识

干鱿鱼容易卷曲，敲打至松散，这样在炊制和炸制过程中才不会因卷曲而使得菜肴变形。

菜肴特点｜爽脆咸香

酿金钱酥口

主　料｜白膘肉1 000克、鲜虾1 000克

辅　料｜荸荠肉50克、韭黄30克、鸡蛋4个、面粉120克、特级生粉20克、泡打粉2克

调　料｜精盐5克、味精3克、香麻油2克、胡椒粉0.8克、花生油1 000克（耗50克）、橘油10克

制作流程◎切制原料→制作虾胶→冷冻→酿制→调制脆皮浆→炸制→装盘→成菜

制 作 步 骤

❶先将白膘肉洗净吸干水分，切成约8厘米×8厘米的正方形块状，放入冰柜冷冻2小时，取出切成薄片待用；

❷韭黄、荸荠肉均洗净切成末并挤干水分待用；

菜肴特点｜外脆里鲜，口感丰富

❸将鲜虾去除头壳，取虾肉并在背部用刀片开去除虾肠，将虾肉清洗干净后吸干水分，放于砧板上用刀拍扁后剁成虾蓉，盛入碗中，调入精盐、味精、胡椒粉、香麻油、鸡蛋清，用筷子搅拌均匀再用手摔打至起胶待用；

❹虾胶加入荸荠末、韭黄末，搅拌均匀，挤成16粒均等的圆球状待用；

❺将白膘肉平铺于盘中，逐片放上1粒馅料，在白膘肉四周抹上鸡蛋清，再盖上一片同等大小的白膘肉片，再轻压馅料使其呈扁圆状，并放入冰柜冷冻2小时，取出用剪刀剪去多余的白膘肉待用；

❻将面粉、特级生粉、适量泡打粉和清水搅拌均匀，再加入2个鸡蛋液和少量花生油，调制成脆皮浆；

❼烧鼎下油，油温150℃，将白膘肉块裹上脆皮浆，逐个放入油鼎中，炸至浮出油面且呈金黄色捞出控干油分；

❽再升高油温至200℃，下入酥口复炸片刻至金黄酥脆捞出摆盘；

❾配以橘油1碟即可。

菜 肴 知 识

1. 此菜肴为创新潮州菜，利用白膘肉的甜、脆、香与百花馅融合制作而成，风味突出，口感丰富；

2. 白膘肉与馅料均为生料，炸制时要先文火浸炸熟透。

炆酿凉瓜

主　　料｜凉瓜（苦瓜）600克、猪肉（后腿肉）300克、鲜虾150克

辅　　料｜湿香菇50克、虾米30克、大地鱼干15克、蒜头肉30克、鸡蛋清35克

调　　料｜精盐4克、鱼露6克、味精3克、胡椒粉1克、香麻油6克、上汤150克、
　　　　　特级生粉10克、生粉水20克、花生油1 000克（耗50克）

制作流程◎制作虾胶→切制配料→调制馅料→酿制凉瓜→炆制→摆盘→调芡→淋芡→成菜

制 作 步 骤

❶将鲜虾去除头壳，取虾肉并在背部用刀片开去除虾肠，将虾肉清洗干净后吸干水分，放于砧板上用刀拍扁后剁成虾蓉，盛入碗中，调入适量精盐、味精、胡椒粉、香麻油、鸡蛋清，用筷子搅拌均匀再用手捧打至起胶待用；

❷凉瓜去头去尾，切成长约3厘米的段，挖净中间瓜瓤，水开下入焯水片刻捞起漂冷水待用；

❸将虾米用冷水浸泡10分钟，猪肉切成小块再剁成蓉，取一半湿香菇去蒂切成丁，大地鱼干拉油至香味尽出后切成末，蒜头肉切去头尾待用；

❹将猪肉蓉、虾胶盛入碗中，调入适量精盐、味精、胡椒粉，捧打至起胶，再加入鸡蛋清、香菇末、大地鱼干末，搅拌均匀，酿入凉瓜中，两头拍上特级生粉封口；

❺烧鼎下油，油温120℃下入凉瓜半煎炸制定形后捞出；

❻烧鼎润油，下入湿香菇、虾米、大地鱼干末、蒜头肉，爆香后加入上汤、凉瓜，调入适量鱼露、味精、香麻油、胡椒粉，加盖用猛火煮开转中火炆制15分钟；

❼捞出凉瓜，将凉瓜逐块摆盘，再捞出香菇、虾米、蒜头肉依次摆盘；

❽过滤原汤并调校味道，加入生粉水勾芡，再加入包尾油，淋于凉瓜上即成。

菜 肴 知 识

凉瓜要选用粗短的，才能更好酿入肉馅；

菜肴特点｜咸香浓郁，软烂入味

满园鲍菊

主　　料｜鲜鱿鱼800克（每个长约15厘米）、4头鲍鱼3
　　　　　个（约375克）

辅　　料｜鲜虾200克、蟹黄50克、墨鱼丸150克、荸
　　　　　荠肉30克、白膘肉30克、鸡蛋清25克

调　　料｜精盐3克、味精3克、鱼露5克、胡椒粉1克、
　　　　　香麻油2克、上汤800克、鲍汁6克、鸡汁4
　　　　　克、生抽8克、老抽4克、特级生粉10克、生
　　　　　粉水20克、花生油30克

菜肴特点｜咸香嫩爽，造型美观

190

制作流程◎清洗鱿鱼→切成菊花鱿→焗鲍鱼→制作虾胶→酿制菊花鱿→装盘→炊制→调芡→淋芡→成菜

❶ 先将鲜鱿鱼去除头部与外膜，并用筷子在鱿鱼腔内搅拌，去除内膜洗净；

❷ 将鱿鱼切成长5厘米的段，再将鱿鱼单侧剪成均等的丝（剪到4/5处即4厘米深）；

❸ 宰杀鲍鱼并刷洗干净，放入砂锅中加入适量上汤、鲍汁、鸡汁、生抽、老抽，用文火焗至熟透捞出，晾凉后片成薄片，再修剪成均等的圆形待用；

❹ 白膘肉、荸荠肉均切成末，荸荠末挤干水分待用；

❺ 烧鼎下水，下入墨鱼丸煮至浮起捞出切成棋子状待用；

❻ 将鲜虾去除头壳，取虾肉并在背部用刀片开去除虾肠，将虾肉清洗干净后吸干水分，放于砧板上用刀拍扁后剁成虾蓉，盛入碗中，调入适量精盐、味精、鸡蛋清，用筷子搅拌均匀再用手摔打至起胶，再加入荸荠末、白膘肉末搅拌均匀待用；

❼ 烧鼎下水，水开下入鱿鱼焯水即刻捞出，使得鱿鱼呈菊花状；

❽ 鱿鱼内壁放入半颗墨鱼丸（直径与鱿鱼圈同等），抹上特级生粉，再酿入虾胶并点缀上蟹黄，并在鱿鱼下各放上一片鲍鱼片；

❾ 将鱿鱼花放入炊笼中炊制5分钟至熟透取出；

❿ 烧鼎下入上汤，调入适量鱼露、精盐、味精、胡椒粉、香麻油，再加入生粉水勾芡，加入包尾油调成玻璃芡；

⓫ 取出鱿鱼花，淋上玻璃芡即可。

此菜肴因造型酷似菊花而得名。

瓜仁紫菜酥

主　　料｜整片紫菜2张、虾胶300克、瓜子仁80克

辅　　料｜白膘肉30克、韭黄30克、荸荠肉30克、鸡蛋清35克

调　　料｜精盐5克、味精2克、胡椒粉0.8克、香麻油2克、花生油1 000克（耗50克）、橘油10克

制作流程◎制作馅料→酿制紫菜→炸制→切件→摆盘→成菜

制 作 步 骤

❶将白膘肉、韭黄、荸荠肉均洗净沥干水分后切成末，韭黄末、荸荠末挤干水分待用；

❷虾胶盛入碗中，调入适量精盐、味精、胡椒粉、香麻油、鸡蛋清，捶打至起胶，加入白膘肉末、韭黄末、荸荠末，搅拌均匀成馅料；

❸将紫菜单面均匀平整地酿上馅料，表面刷上鸡蛋清，并撒上瓜子仁；

❹烧鼎下油，油温120℃下入紫菜片炸至浮起熟透捞出；

❺升高油温至180℃，下入紫菜酥炸制片刻至酥脆倒出；

❻将紫菜酥切件摆盘，配以橘油1碟即成。

菜 肴 知 识

注意炸制的火候掌握，油温不可过高，否则会导致紫菜因过火而发苦。

菜肴特点｜咸香酥脆

酿金钗蟹

主　　料｜肉蟹5只（约1 000克）

辅　　料｜虾胶200克、瘦肉150克、白膘肉50克、湿香菇20克、荸荠肉25克、鸡蛋清35克、姜3克、火腿肉15克、发菜10克

调　　料｜精盐4克、味精3克、胡椒粉0.8克、香麻油2克、特级生粉10克、生粉水20克、上汤150克、花生油50克、陈醋10克

制作流程◎宰杀螃蟹→切制原料→制作馅料→酿制金钗蟹→炊制→调芡→淋芡→成菜

制 作 步 骤

❶将肉蟹刷洗干净，撬开蟹壳去除蟹腮，蟹身斜刀顺着蟹骨纹切成4块（每两只脚连一块），共切成20块，再用清水清洗干净并吸干水分待用；

❷瘦肉剁成肉末，白膘肉切成末，湿香菇去蒂切成末，火腿肉炸熟并切成末，荸荠肉切成末并挤干水分，姜切成姜米，发菜泡洗干净沥干水分待用；

❸取1个碗，盛入虾胶、瘦肉末、白膘肉末、香菇末、荸荠末，调入适量精盐、味精、胡椒粉、特级生粉、鸡蛋清，搅拌均匀并捶打至起胶；

❹将蟹块拍上薄生粉，酿上调制好的馅料，摆入盘中并撒上火腿肉末，盘中间放上发菜；

❺水开放入炊笼中炊制15分钟至熟；

❻烧鼎下入上汤，倒入盘中原汤，调入适量精盐、味精、胡椒粉、香麻油，并调校味道，加入生粉水勾芡，再加入包尾油；

❼将汤汁淋于菜肴上，配以姜米醋1碟即成。

菜 肴 知 识

螃蟹骨纹为斜状，斜刀顺着纹路切成有利于减少碎骨的产生。

菜肴特点｜鲜嫩美观

菜肴特点｜鲜嫩美观，形似佛手

佛手白菜

主　　料｜大白菜500克、虾胶300克

辅　　料｜白膘肉50克、荸荠肉30克、鸡蛋清35克

调　　料｜精盐5克、味精3克、胡椒粉0.8克、香麻油2克、生粉水20克、上汤500克、花生油50克

制作流程◎切制原料→制作馅料→白菜焯水→酿制佛手白菜→炊制→调芡→淋芡→成菜

制作步骤

❶大白菜去除菜叶，取白菜茎清洗干净待用；

❷白膘肉、荸荠肉均切成末，荸荠末挤干水分待用；

❸虾胶盛入碗中，调入适量精盐、味精、胡椒粉、鸡蛋清，摔打至起胶，再加入白膘肉末、荸荠末，搅拌均匀成馅料待用；

❹烧鼎下水，水开下入白菜茎焯水至软，捞出漂冷水；

❺将白菜茎单侧改刀成4个均等的三角形，呈佛手状；

❻将馅料酿于白菜茎上并修整平坦；

❼将佛手白菜放入炊笼中炊制6分钟至熟；

❽烧鼎下入原汤、上汤，调入适量精盐、味精、胡椒粉、香麻油，再加入生粉水勾芡，加入包尾油，调成玻璃芡；

❾取出佛手白菜，淋上玻璃芡即成。

菜肴知识

白菜茎焯水时不可下入油脂，否则会使得白菜茎过于滑润，难以酿制。

炆酿金钱鱼鳔

主　　料｜干鱼鳔50克、虾胶300克

辅　　料｜白膘肉50克、荸荠肉30克、鸡蛋清35克、湿香菇50克、虾米30克、火
　　　　　腿肉30克、竹笋肉80克

调　　料｜鱼露8克、精盐2克、味精3克、胡椒粉1克、香麻油2克、上汤200克、
　　　　　特级生粉10克、生粉水20克、花生油100克、陈醋10克

制作流程◎泡发鱼鳔→切制原料→制作馅料→酿制金钱鱼鳔→调味→炆制→勾芡→装盘
→成菜

制 作 步 骤

❶烧鼎下油，油温
120℃下入干鱼鳔，
文火慢炸，炸至浮
起即刻关火加盖2小
时，捞出用清水浸泡
2小时，反复换水5
次并捞去杂质，捞出
沥干水分待用；

菜肴特点｜咸鲜嫩滑，形似金钱币

❷将泡发完成的鱼鳔改刀成3厘米的小
段，湿香菇去蒂，虾米浸泡冷水半小时待
用，烧鼎下入清水，煮开后下入竹笋肉煮
制片刻捞出，并切成笋花状待用；

❸白膘肉、荸荠肉均切成末，荸荠末挤干
水分，火腿肉切成约0.8厘米×0.8厘米的
正方形小片待用；

❹虾胶盛入碗中，调入适量精盐、味精、
胡椒粉、鸡蛋清，摔打至起胶，再加入白
膘肉末、荸荠末，搅拌均匀成馅料待用；

❺将鱼鳔吸干水分，内层抹上一层特级生
粉后酿入虾胶，修整整齐后放上一片火腿

肉片，并
用特级生粉封口；

❻烧鼎润油，下入湿香菇、虾米爆香，再
加入鱼鳔、竹笋肉（逐个放入并摆放整
齐）、上汤，调入适量鱼露、味精、胡椒
粉、香麻油、并调校味道；

❼用中火炆制8分钟至熟透，加入生粉水
勾芡；

❽挑出鱼鳔、竹笋肉和香菇并整齐摆入盘
中，原汤过滤再烧开，加入包尾油，淋于
菜肴上，配以陈醋1碟即成。

菜 肴 知 识

鱼鳔即鱼肚，也叫鱼胶，一般选用深海鱼鱼肚。

第十七章 酿

195

酿锦鲤虾

主　　料｜鲜虾肉300克、大对虾8条

辅　　料｜白膘肉30克、荸荠肉30克、火腿肉60克、红辣椒30克、湿香菇50克、鸡
　　　　　蛋清35克、青豆20克、姜葱汁30克

调　　料｜精盐5克、味精3克、胡椒粉1克、香麻油2克、绍酒50克、生粉水20克、
　　　　　上汤100克、花生油15克

制作流程◎切制配料→制作虾胶→酿制"锦鲤虾"→炊制→调芡→淋芡→成菜

制 作 步 骤

❶将白膘肉洗净并切成末，荸荠肉切成末并挤干水分待用；

❷将火腿肉盛入碗中，加入适量姜葱汁、绍酒，放入炊笼中炊制20分钟取出。烧鼎下油，油温180℃下入火腿肉，炸香后取一半切成小菱形片，另取一半切成丝待用；

❸将红辣椒、湿香菇均切成长丝状，另取一半红辣椒切成小圈，青豆焯水3分钟片开待用；

❹将鲜虾肉在背部用刀片开去除虾肠，虾肉清洗干净后吸干水分，放于砧板上用刀拍扁后剁成虾蓉，盛入碗中，调入精盐、味精、鸡蛋清，用筷子搅拌均匀再用手摔打至起胶待用；

❺虾胶加入白膘肉末、荸荠末，搅拌均匀待用；

❻大对虾去头去壳留尾部，背部划刀去除虾肠，并剞上花刀松筋清洗干净沥干水分，盛入碗中调入适量姜葱汁、绍酒、味精、精盐腌制10分钟待用；

❼取12只汤匙，抹上花生油，放上腌制好的对虾，将虾胶分成12份并逐个挤成椭圆状，酿于对虾上面，用手指抹成"锦鲤虾"状，并撑开尾巴使其张开；

❽用青豆做鱼眼睛、红辣椒圈做鱼嘴巴、菱形片火腿肉做鱼鳍，背部放上火腿肉丝、香菇丝、红辣椒丝；

菜肴特点｜造型美观，口味鲜嫩

❾将"锦鲤虾"放于炊笼中，用猛火炊制5分钟至熟，将原汤倒入碗中待用；

❿烧鼎下入原汤，再加入适量上汤，调入适量精盐、味精、胡椒粉、香麻油，并调校味道，加入生粉水勾芡，再加入包尾油，用勺推均匀，将芡汁淋于菜肴上面即成。

菜 肴 知 识

1. 虾要剞花刀，否则会因卷曲而影响造型；

2. 此菜肴也可制作成清汤，使锦鲤虾"游"于其中，称"清锦鲤虾"。

第十八章　卷

　　卷，是潮州菜较为常用的一种烹饪手法，指将食物原料放于平整的片状料之上，再经过滚制形成圆筒状造型的烹饪手法。

　　在潮州菜中，以卷为特色的菜肴有很多，原因是卷制类菜肴有利于菜肴的定量定形，同时手法简单不走形，深受潮州菜师傅们的喜爱。

　　卷制手法分为全包裹卷和半包裹卷两种。

　　1. 全包裹卷：卷制时不留口，两边收起再进行翻滚卷制，有利于保护馅料不漏，如"彩丝腐皮卷""脆皮榄菜卷"等；

　　2. 半包裹卷：卷制时以单面卷制，留双边口，此类馅料需为条状或蓉胶状，以不易漏出为特点，如"百花竹荪卷""潮州鱼册"等。

　　在卷制的过程要注意以下要点：

　　1. 要紧实不松散，卷制过程中，除了"卷入"应当还有一个"收回"的动作，即卷制时用其他手指辅助两边收入，同时压实再卷制，成品紧实有利于下一步的烹饪，也有利于提升菜肴的质量；

　　2. 要求卷制时定量卷制，馅料均等、大小均匀，同一道菜肴中成品间差异不超过5克。

脆皮榄菜卷

主　　料｜榄仁50克、橄榄菜100克、鲜虾肉200克、薄饼皮24张

辅　　料｜白膘肉50克、荸荠肉100克、熟白芝麻10克、芫荽50克

调　　料｜精盐2克、味精3克、胡椒粉0.8克、香麻油2克、上汤30克、生粉水10
　　　　　克、湿面粉20克、花生油1 000克（耗50克）、橘油10克

制作流程◎切制原料→制作馅料→卷制→炸制→装盘→成菜

制 作 步 骤

❶将鲜虾肉从背部划开一刀去除虾肠并清洗干净，沥干水分切成粒，芫荽洗净沥干水分并切成段待用；

❷将白膘肉、荸荠肉均切成丝，橄榄菜焯水后沥干水分待用；

❸烧鼎下油，油温120℃下入榄仁炸至熟透捞出，沥干油分待用；

❹烧鼎润油，下入白膘肉丝、虾粒，爆香后加入荸荠丝、橄榄菜，调入适量精盐、味精、胡椒粉、香麻油、上汤，炒香后加入少量生粉水勾芡，倒出盘中晾凉，撒入

榄仁、芫荽段和熟白芝麻待用；

❺取薄饼皮8张剪成2瓣，将整张薄饼皮平铺于盘中，叠上半张薄饼皮，舀入晾凉的馅料，两边合拢并卷制起来呈枕头状，用湿面粉封口待用；

❼烧鼎下油，油温150℃，将榄菜卷逐个放入油鼎中，炸至浮出油面且呈金黄色捞出控干油分；

❽再升高油温至200℃，下入榄菜卷复炸片刻至金黄酥脆捞出摆盘；

❾配以橘油1碟即可。

菜 肴 知 识

此菜肴由潮州传统小吃潮州春卷创新而来，搭配潮州小菜"橄榄菜"，更加具有特色。

菜肴特点｜外脆里香

萝卜素卷

主　　料 | 白萝卜750克

辅　　料 | 腐皮2张、鸡蛋2个、地瓜粉50克、粘米粉100克、花生仁200克、湿香菇50克、虾米20克

调　　料 | 精盐5克、味精3克、胡椒粉1.5克、特级生粉20克、花生油1000克（耗50克）

制作流程◎处理配料→切制萝卜丝→煮制→腌制→卷制→装盘→炊制→炸制→切件→装盘→成菜

制 作 步 骤

❶ 先将花生仁文火干炒至熟透，倒入盘中晾凉，去净外膜，湿香菇沥干水分后切成丝，虾米用清水浸泡半小时待用；

❷ 将白萝卜去皮洗净切成萝卜丝，烧鼎下水，水开放入萝卜丝煮制片刻捞出，晾凉后挤干水分盛入盆中，加入香菇丝、花生仁、虾米，调入适量精盐、胡椒粉、味精，搅拌均匀，再加入地瓜粉、粘米粉混合均匀待用；

❸ 将腐皮改刀成12厘米×15厘米的长方形片，刷上鸡蛋液，再撒上少量特级生

粉，放上腌制好的萝卜丝（两边留出少量空间），卷制成圆筒状并将两边合拢收紧，并用牙签在表面扎上小孔；

❹ 将萝卜卷放于刷油的盘中，放入炊笼中炊制20分钟至熟取出，晾凉后在表面拍上特级生粉；

❺ 烧鼎下油，油温150℃下入萝卜素卷炸制片刻至表面金黄酥脆捞出；

❻ 将炸好的萝卜卷切成均等的块状，放于盘中即成。

菜 肴 知 识

注意萝卜含水量较高，需挤干水分，否则影响菜肴质量。

百花白玉卷

主　　料｜冬瓜1块（约600克）、鲜虾肉300克

辅　　料｜白膘肉20克、荸荠肉30克、鸡蛋清20克

调　　料｜精盐5克、味精3克、香麻油2克、胡椒粉1克、特级生粉20克、生粉水20克、上汤150克

制作流程◎冬瓜切片→切制配料→制作虾胶→卷制→装盘→炊制→调芡→淋芡→成菜

制 作 步 骤

❶去除冬瓜瓜皮、瓜籽，切成约8厘米×5厘米×3毫米的长方形薄片，盛入碗中，下入适量精盐、温水将冬瓜片泡软，捞出沥干水分待用；

❷将白膘肉、荸荠肉均切成末后挤干水分待用；

❸将鲜虾肉从背部划开一刀去除虾肠并清洗干净后沥干水分，放于砧板上用刀拍扁后剁成虾蓉，盛入碗中，加入白膘肉末、荸荠末，调入精盐、味精、鸡蛋清，用筷子搅拌均匀再用手摔打至起胶待用；

❹将冬瓜片摊开在盘中，撒上特级生粉，放入馅料，从尖端卷至尾端保持均匀，并在收口处抹上特级生粉，在冬瓜卷上刷上鸡蛋清；

❺将冬瓜卷盛入盘中，放入炊笼中炊制7分钟取出；

❻将原汤倒入鼎中，下入适量上汤、精盐、味精、胡椒粉、香麻油，并调校味道，再下入生粉水勾成薄芡，淋于白玉卷上即成。

菜肴特点｜外透里香，口感丰富

菜 肴 知 识

冬瓜蒸熟之后，呈现透明状且软烂，与内馅形成对比，增加菜肴的层次感。

干炸粿肉

主　　料｜猪前颌肉400克、猪网油200克
辅　　料｜荸荠肉200克、鸭蛋1个、葱80克、冬瓜糖50克
调　　料｜精盐5克、味精3克、香麻油2克、白酒10克、五香粉10克、胡椒粉1克、
　　　　　特级生粉100克、花生油1 000克（耗50克）、橘油10克

制作流程◎处理原料→调制馅料→卷制→炸制→装盘→成菜

制 作 步 骤

❶将猪前颌肉清洗干净并沥干水分切成肉丝，冬瓜糖切成丝，葱洗净切成丝，荸荠肉切成丝并挤干水分，均盛入盘中待用；

❷猪网油漂水半小时至洁白沥干水分待用。

❸将肉丝盛入碗中，调入适量五香粉、精盐、味精、香麻油、胡椒粉、白酒、特级生粉，搅拌均匀，腌制10分钟；

❹肉丝中加入葱丝、荸荠丝、冬瓜糖丝、鸭蛋液搅拌均匀待用。

❺将猪网油平铺在砧板上，撒上特级生粉，再将肉料放上，卷成长条，直径约为2厘米，放入冷冻柜冷冻2小时待用；

❻将两头修齐，然后切成长约4厘米的段，两头拍上特级生粉并按紧；

❼烧鼎下油，油温升至120 ℃，下入粿肉用中火炸至浮起熟透捞出，升高油温至180℃，下入粿肉复炸至酥脆上色捞出装盘；

❽配以橘油1碟即成。

菜肴知识

1. 新派干炸粿肉可加入芋头丝等；
2. 干炸粿肉要求外皮要严实，不松散。

菜肴特点｜外脆里嫩，咸香美味

彩丝腐皮卷

主　　料｜腐皮2张、鸡肉150克

辅　　料｜湿香菇30克、胡萝卜80克、干木耳10克、竹笋肉100克、韭黄60克、甜椒50克

调　　料｜精盐5克、味精3克、胡椒粉1克、香麻油2克、生粉水30克、花生油1 000克（耗50克）、橘油10克

制作流程◎处理原料→腌制→炒制馅料→卷制腐皮卷→炸制→装盘→成菜

制作步骤

❶先将胡萝卜刨皮洗净切成丝，湿香菇挤干水分，干木耳用冷水浸泡半小时待用；

❷韭黄洗净切成段，再将竹笋肉、湿香菇、甜椒、木耳分别切成丝；

❸烧鼎下水，下入竹笋肉煮熟，捞起再加入胡萝卜煮熟捞起待用；

❹将鸡肉切成薄片再切成丝，盛入碗中，调入适量精盐、味精、香麻油、胡椒粉，加入生粉水搅拌均匀，腌制20分钟；

❺烧鼎润油，下入鸡肉丝炒熟盛入碗中；

❻烧鼎润油，下入香菇丝爆香，加入竹笋肉丝、胡萝卜丝、甜椒丝、木耳丝翻炒均匀，调入适量精盐、味精、胡椒粉，加入生粉水勾芡，再加入鸡肉丝和香麻油猛火翻炒均匀，盛入盘中晾凉待用；

❼将每张腐皮用剪刀剪成6块（15厘米×15厘米），再把馅料分别放在12块腐皮上卷成筒状，用少量生粉水粘口；

❽烧鼎下油，油温烧至150℃时，将包好的腐皮卷逐件放入油鼎内，用中火炸至浮起熟透，再升高油温至180℃，下入腐皮卷复炸至金黄酥脆，捞出摆入盘中；

❾配以橘油1碟即成。

菜肴特点｜外皮松脆，内嫩香醇

菜肴知识

1. 竹笋肉与胡萝卜切丝要够细，否则会影响口感；

2. 炸制时油温不可太低或太高，太低会导致食材含油过多，太高会导致外皮焦煳内馅不熟。

锦绣香黄

主　　料｜白膘肉500克、老香黄100克
辅　　料｜黑豆沙200克、面包糠200克，鸡蛋100克
调　　料｜白糖1 000克、花生油1 000克（耗50克）

制作流程◎制作玻璃肉→制作馅料→卷制→裹制→炸制→切件→装盘成菜

制 作 步 骤

❶ 将白膘肉片成薄片，按肉片2倍的量下入白糖，完全淹没白膘肉后放入冰箱冷藏24小时，取出成玻璃肉待用；

❷ 老香黄与黑豆沙碾压成泥，下入适量白糖搅拌均匀成馅料待用；

❸ 将玻璃肉平铺至盘中，放上一条馅料，再卷制成条状；

❹ 碗中打入鸡蛋液并搅拌均匀，放上老香黄肉条蘸上鸡蛋液，再裹上一层面包糠；

❺ 烧鼎下油，油温烧至150℃，下入老香黄肉条，文火慢炸至熟透捞出，再转猛火将油温升至200℃，再下入老香黄肉条至表面金黄酥脆捞出；

❻ 将老香黄肉条斜刀切成均等的小段，摆盘即成。

菜 肴 知 识

老香黄是一种潮汕特色凉果，是用佛手柑的果实腌制而成，具有开胃、助消化的功效。

菜肴特点｜外脆里嫩、老香黄味突出

百花竹荪卷

主　　料｜虾胶300克、干竹荪20克

辅　　料｜白膘肉20克、火腿肉6克、荸荠肉20克、鸡蛋清35克、芹菜茎15克、玉菜200克

调　　料｜精盐3克、味精2.5克、鱼露5克、胡椒粉1克、香麻油2克、特级生粉20克、生粉水10克、上汤200克、花生油30克

制作流程◎制作百花馅→酿制→炆制→摆盘→调芡→淋芡→成菜

制 作 步 骤

❶将干竹荪浸泡冷水泡发1小时，漂洗干净并挤干水分待用；

❷白膘肉、火腿肉、荸荠肉均切成末，荸荠末挤干水分待用；

❸虾胶盛入碗中，调入适量精盐、味精、胡椒粉，摔打至起胶，加入白膘肉末、火腿肉末、荸荠末、鸡蛋清，搅拌均匀成百花馅待用；

❹烧鼎下水，水开后下入芹菜茎焯水至软，捞出浸泡冷水并撕成细丝待用；

❺将浸发好的竹荪挤干水分，放砧板上切

成长约6厘米的均等段，并划一刀片开；

❻将竹荪拍上一层特级生粉，酿上一层薄百花馅，并卷制紧实，用芹菜丝捆绑紧实；

❼烧鼎下水，水开放入花生油和精盐，加入玉菜焯水至熟待用；

❽将酿好的竹荪卷炆制10分钟至熟，取出摆上焯好水的玉菜，再将汤汁倒入鼎中，调入适量上汤、味精、鱼露、胡椒粉、香麻油，加入生粉水勾薄芡，再加入包尾油，淋于竹荪上即成。

菜 肴 知 识

野生竹荪更有口感、更加厚实，营养价值较高。

菜肴特点｜咸鲜爽脆

菜肴特点｜形似如意，鲜嫩咸香，美观大方

炆如意鸡

主　料｜光鸡1只（约1 000克）

辅　料｜火腿肉40克、芹菜80克、白膘肉50克、湿香菇80克、竹笋肉100克、姜葱汁20克、水草30克、上汤400克

调　料｜精盐5克、味精3克、胡椒粉1克、香麻油2克、绍酒10克、生粉水20克、花生油1 000克（耗50克）

制作流程◎腌制鸡肉→切制配料→卷制→炆制→炸制→炆制→切件→装盘→调芡→淋芡→成菜

制 作 步 骤

❶将光鸡去除内脏与淤血，清洗干净并取肉，较厚部分片成均匀的鸡肉片，并剖上花刀，盛入碗中，调入适量精盐、味精、胡椒粉、姜葱汁、绍酒腌制5分钟待用；

❷将火腿肉、芹菜、白膘肉均切条，竹笋肉切成笋花状待用；

❸将鸡肉吸干水分并摊开，在鸡肉一端放上火腿肉条、芹菜条、白膘肉条，并卷制紧实，卷成鸡肉卷后在两边各放上一根筷子，用水草裹紧分段扎实；

❹将鸡肉卷放入炆笼中炆制10分钟；

❺烧鼎下油，油温150℃下入鸡肉卷炸至表面定形捞出；

❻烧鼎润油，下入湿香菇、竹笋肉爆香，再加入上汤，调入适量精盐、味精、胡椒粉、香麻油，并调校味道；

❼下入鸡肉卷，加盖炆制5分钟；

❽取出鸡肉卷，冷却后解除水草，切成长2厘米的块，并与香菇、竹笋肉整齐摆盘，再放入炆笼中炆制5分钟至热；

❾烧鼎下入原汤加入生粉水勾芡，并加入包尾油，淋于菜肴上即成。

菜 肴 知 识

炆制时间不可过长、火候不可过猛，以免鸡肉收缩影响造型。

菜肴特点 | 色泽金黄，鲜嫩爽滑

炊鱼翅卷

主　　料｜水发鱼翅300克、对虾700克、猪网油200克

辅　　料｜火腿肉20克、鸡蛋清35克

调　　料｜精盐5克、味精3克、胡椒粉1克、香麻油2克、特级生粉20克、生粉水20克、上汤100克、花生油1 000克（耗50克）

制作流程◎炊制→制作虾胶→处理原料→卷制→炊制→炸制→炆制→切件→装盘→调芡→淋芡→成菜

<hr>

制 作 步 骤

❶ 将水发鱼翅控干水分，盛入碗中加入上汤加盖放入炊笼炊至熟透取出沥干上汤待用；

❷ 将对虾去除头壳，取虾肉并在背部用刀片开去除虾肠，将虾肉清洗干净后吸干水分，放于砧板上用刀拍扁后剁成虾蓉，盛入碗中，调入适量精盐、味精、鸡蛋清，用筷子搅拌均匀再用手摔打至起胶待用；

❸ 火腿肉切成粗丝，猪网油漂水至洁白沥干水分待用；

❹ 猪网油挤干水分，平铺于案板上，虾胶放于猪网油中呈长条状，铺入一层鱼翅，再铺入一层火腿肉丝，并卷制成条，用特级生粉封口；

❺ 将鱼翅卷放入炊笼中炊制10分钟至熟取出；

❻ 烧鼎下油，油温150℃下入鱼翅卷炸至定形捞出；

❼ 烧鼎润油，加入上汤，调入适量精盐、味精、胡椒粉、香麻油，并调校味道，下入鱼翅卷加盖炆制3分钟；

❽ 捞出鱼翅卷，切成均等的块摆盘，原汤加入生粉水勾芡，再加入包尾油，淋于菜肴上即成。

<hr>

菜 肴 知 识

此菜肴步骤较为繁琐，运用多种烹饪技艺，体现出潮州菜高档且技艺繁多的特点。

潮州粿条卷

主　　料 | 大米（陈米）500克

辅　　料 | 五花肉100克、湿香菇50克、虾米30克、胡萝卜100、竹笋肉100克、蒜头肉20克

调　　料 | 鱼露6克、味精4克、胡椒粉1克、香麻油2克、花生油50克、山泉水1 000克

制作流程◎切制配料→炒制馅料→制作粿条→卷制→装盘→成菜

制 作 步 骤

❶将五花肉切成丁，湿香菇去蒂切成丁，虾米浸泡冷水半小时并切碎，胡萝卜、竹笋肉均去皮洗净切成丁，蒜头肉切成末待用；

❷烧鼎下油，下入蒜末炸制略微上色倒出，成蒜头膀捞出待用；

❸烧鼎下水，水开下入五花肉丁煮制2分钟至熟透，再下入胡萝卜丁、竹笋丁煮制至熟透沥干水分待用；

❹烧鼎润油，下入五花肉丁煸炒出油脂后，加入香菇丁、虾米爆香，再加入胡萝卜丁、竹笋丁，翻炒均匀调入适量鱼露、味精、胡椒粉、香麻油，混合均匀成馅料；

❺选用1年的大米，加入山泉水清洗一遍，并加入适量山泉水浸泡2小时，再将大米沥干水分，倒入磨浆机中，按照1：3的比例，加入3倍量的山泉水磨成米浆；

❻肠粉机水开上汽，取出炊屉并刷上一层薄油，将米浆搅拌均匀，舀入炊屉中，厚

度为5毫米，放入炊屉炊制1分钟；

❼取出炊屉，加入馅料并铺匀，再炊制2分钟至熟；

菜肴特点 | 嫩滑咸香，口感丰富

❽用刮板在四周切开使粿条与炊屉边缘不粘连，将粿条卷制成粿条卷，再切成均等的块，装入盘中，淋上蒜头膀即成。

菜 肴 知 识

粿条卷属潮州登塘最出名，乃当地一大特产，因其靠山，有天然的山泉水，用山泉水制作的粿条清甜回甘。

第十九章　包

　　包，指将食物原料放置于平整的片状原料上，再利用手指合拢呈现圆形或不规则圆形的烹饪手法。

　　包制在潮州菜中分为全包制和半包制两种类型。

　　1. 全包制：指面皮完全包裹住馅料，适合较为松散的馅料，如"绣球白菜""富贵石榴球"等；

　　2. 半包制：指面皮半包裹住馅料，馅料一半裸露于外部，适合较为紧实或蓉胶类的馅料，如"潮州肖米"等。

　　在包制菜肴时要注意以下要点：

　　1. 包制要紧实，要求不松散不侧漏，在合拢边角时要拉扯收紧，成品紧实既有利于下一步烹饪，也有利于提升菜肴质量；

　　2. 大小均等、造型美观，定量定形包制菜肴，要求成品大小一致，相差不超过 5 克，同时外观平整、表面圆润。

焗鸭掌包

主　　料｜鸭脚12只

辅　　料｜虾肉100克、鸡肝100克、猪网油150克、白膘肉30克、鲜莲子30克、湿香菇20克、韭黄15克、火腿肉15克、鸡蛋2个、面粉50克、面包糠200克、芫荽30克、鸡蛋清35克、酸黄瓜150克

调　　料｜精盐6克、味精4克、香麻油2克、胡椒粉0.5克、噫汁10克、花生油1 000克（耗50克）

制作流程◎鸭脚去骨→切制原料→制作虾胶→制作馅料→包制→裹制→炸制→装盘→成菜

❶将鸭脚去除黄膜并洗净，烧鼎下水，下入鸭脚焯水5分钟，捞出漂冷水半小时，再从鸭脚筋骨处刮断筋络，再在骨头上各划开一刀，取出鸭骨待用；

❷烧鼎下水，水开下入鲜莲子煮制片刻捞出，取出莲子心待用；

❸鸡肝洗净去除多余油脂，韭黄、湿香菇清洗干净沥干水分；

❹鸡肝、香菇、韭黄、白膘肉、莲子、火腿肉均切成末待用；

❺将虾肉从背部用刀片开去除虾肠并清洗干净后吸干水分，放于砧板上用刀拍扁后剁成虾蓉，盛入碗中，调入适量精盐、味精、鸡蛋清，用筷子搅拌均匀再用手捧打至起胶待用；

❻取1个汤碗，盛入虾胶、鸡肝末、香菇末、韭黄末、白膘肉末、莲子末、火腿肉末，调入适量精盐、味精、胡椒粉、香麻油，搅拌均匀成馅料待用；

❼将馅料分为均等的12份，逐份馅料搓成圆球状，再从中间处压出碗状，包入鸭掌，合拢收紧成球状，并包上1层猪网油成生鸭掌包；

❽取1个小碗，打入2个鸡蛋并打散，将生鸭掌包先裹上1层面粉，再裹上1层鸡蛋液，最后裹上1层面包糠；

菜肴特点／外脆里香，口感丰富

❾烧鼎热油，油温150℃，下入生鸭掌包炸至定形，转文火慢炸，炸至熟透捞起，再转猛火升高油温至200℃，下入鸭掌包复炸至金黄酥脆捞起；

❿将鸭掌包摆在盘周，盘中摆上芫荽叶，配以噫汁和酸黄瓜各1碟即成。

此菜肴结合鸭掌的爽脆与配料的丰富口感，经过炸制后呈现出特别的风味。

罗汉上素包

主　　料｜大白菜600克

辅　　料｜发菜20克、竹笋肉150克、鲜草菇150克、胡萝卜100克、鸡蛋清1个、
　　　　　湿香菇100克

调　　料｜精盐5克、味精5克、香麻油2克、胡椒粉1克、生粉水20克、上汤500克、
　　　　　花生油25克

制作流程 ◎切制原料→焯水→制作馅料→包制→煎制→炆制→装盘→勾芡→淋芡→成菜

制 作 步 骤

❶将发菜放入冷水中浸泡2小时，再漂洗干净沥干水分待用；

❷竹笋肉、鲜草菇洗净切成丝，湿香菇沥干水分切成丝，胡萝卜去皮洗净切成丝，大白菜取叶去除硬茎洗净待用；

❸烧鼎下水，水开下入大白菜焯水捞出，放入冷水中漂凉并沥干水分待用；

❹烧鼎下水，水开下入竹笋丝、胡萝卜丝、草菇丝焯水片刻捞出待用；

❺烧鼎润油，下入竹笋丝、香菇丝、胡萝卜丝、草菇丝爆香，加入发菜、上汤，调入精盐、味精、胡椒粉、香麻油，加盖炆制片刻，加入生粉水勾芡，捞出晾凉成馅料待用；

❻将白菜叶摊开在盘中，逐叶放上馅料先卷制1圈再收起两边菜叶（注意要紧实），再继续卷制余下的菜叶，在封口上蘸上适量鸡蛋清；

❼烧鼎润油，下入素菜包煎至两面定形且呈金黄色；

❽下入上汤，调入适量精盐、味精、胡椒粉，炆制3分钟；

❾捞出素菜包逐个进行摆盘，原汁过滤后调入适量香麻油、胡椒粉，加入生粉水勾芡，再加入包尾油，淋于素菜包上即成。

菜 肴 知 识

此菜肴由"玉枕白菜"创新而来，是潮州菜精细手工菜的体现。

菜肴特点｜外嫩里香，口感丰富

炆白菜鸡包

主　　料｜鸡胸肉150克、鲜虾肉100克、鸡胗100克

辅　　料｜大白菜1颗（约600克）、湿香菇80克、荸荠肉50克、白膘肉50克、火腿肉20克、鸡蛋清35克

调　　料｜精盐5克、味精4克、香麻油2克、胡椒粉1克、生粉水20克、上汤500克、花生油50克

制作流程◎切制原料→制作馅料→焯水→包制→煎制→炆制→装盘→勾芡→淋芡→成菜

制作步骤

❶ 先将大白菜取叶去除硬茎洗净并沥干水分，鲜虾肉从背部片开后去除虾肠，鸡胸肉、鸡胗、荸荠肉、白膘肉洗净沥干水分待用；

❷ 将鸡胸肉、鸡胗、荸荠肉、白膘肉、鲜虾肉、一半湿香菇均切成丁，火腿肉切成末，均盛入碗中，调入适量精盐、味精、胡椒粉、香麻油、鸡蛋清，搅拌均匀成馅料待用；

❸ 烧鼎下水，水开下入白菜叶焯水片刻捞出，放入冷水中漂凉，捞出沥干水分待用；

❹ 将白菜叶摊开在盘中，逐叶放上馅料先

卷制1圈再收起两边菜叶（注意要紧实），再继续卷制余下的菜叶，在封口上蘸上适量鸡蛋清；

❺ 烧鼎润油，下入白菜包煎至两面定形且呈金黄色；

❻ 加入上汤、湿香菇，调入适量精盐、味精、胡椒粉，炆制5分钟至接近收汁；

❼ 捞出白菜包逐个进行摆盘，香菇围边，原汁过滤后调入适量香麻油、胡椒粉，加入生粉水勾芡，再加入包尾油；

❽ 将汤汁淋于菜肴上即成。

菜肴知识

此菜肴由"玉枕白菜"创新而来，是潮州菜精细手工菜的代表。

菜肴特点｜外嫩里香，口感丰富

花开富贵

主　　料｜番薯叶300克、鲍贝400克

辅　　料｜鸡蛋清200克、猪瘦肉200克、竹笋肉100克、胡萝卜100克、西芹100克、芹菜茎30克、熟火腿肉10克、猪皮1张（40厘米×40厘米）

调　　料｜精盐6克、味精5克、胡椒粉1克、香麻油4克、上汤500克、生粉水30克、食用碱2克、花生油50克、鸡油50克

制作流程◎制作素菜蓉→切制原料→炒制→包制→制作素菜羹→炊制石榴球→装盘→成菜

制 作 步 骤

❶将番薯叶清洗干净并沥干水分，熟火腿肉切成末待用；

❷烧鼎下水，下入少量食用碱，再加入番薯叶焯水捞起漂冷水，沥干，猪皮放在砧板上（带有白膘肉一面朝上），放上番薯叶，用刀轻剁成蓉状；

❸盆中打入鸡蛋清，下入生粉水，搅拌均匀并过滤蛋液，平底锅烧热润油，舀入蛋液煎成12张薄蛋皮待用；

❹将鲍贝、猪瘦肉、竹笋肉、胡萝卜、西芹均切成丁状待用；

❺烧鼎下水，水开下入竹笋丁、胡萝卜丁煮制半分钟，再加入西芹，焯水10秒一起捞出；

❻烧鼎下水，下入芹菜茎焯水至软，漂冷水后撕成细丝待用；

❼烧鼎下油，油温120℃下入鲍贝丁、猪瘦肉丁滑油片刻倒出；

❽烧鼎润鸡油，下入鲍贝丁、猪瘦肉丁、

菜肴特点｜口感丰富、咸香爽脆

竹笋丁、胡萝卜丁、西芹丁，调入适量精盐、味精、胡椒粉、香麻油、上汤，翻炒均匀下入生粉水勾芡成馅料冷却，待用；

❾蛋皮平铺，舀入1勺馅料于中间，四周包起并用芹菜丝包扎紧实，呈石榴状；

❿烧鼎润鸡油，下入番薯叶蓉炒香，加入上汤煮开，调入精盐、味精、胡椒粉，并调校味道，加入生粉水勾薄芡成羹，盛入碗中待用；

⓫将石榴球放入蒸笼蒸制5分钟，取出石榴球放于番薯叶羹上即成。

菜 肴 知 识

注意包制时需紧实，且大小均匀。

富贵石榴球

主　　料｜对虾200克、鸡胸肉150克

辅　　料｜鸡蛋400克、湿香菇50克、竹笋肉100克、胡萝卜50克、西芹100克、芹菜茎15克、即食蟹子30克

调　　料｜精盐2克、鱼露8克、味精4克、胡椒粉0.8克、香麻油2克、上汤150克、生粉水50克、花生油25克

制作流程◎制作蛋皮→切制原料→焯水→炒制→包制→炊制→装盘→调芡→淋芡→成菜

制 作 步 骤

❶ 盆中打入鸡蛋，加入生粉水搅拌均匀并过滤鸡蛋液；

❷ 烧鼎（不粘锅）润油，舀入鸡蛋液煎成16张薄蛋皮待用；

❸ 将对虾去除头壳，取虾肉并在背部用刀片开去除虾肠，将虾肉清洗干净后吸干水分并切成粒状，竹笋肉、胡萝卜、西芹、湿香菇、鸡胸肉均切成小丁待用；

❹ 烧鼎下水，下入芹菜茎焯水至软，漂冷水后撕成细丝待用；

❺ 烧鼎下水，水开下入笋丁、胡萝卜丁煮制片刻至熟透，加入虾粒和西芹，焯水1分钟倒出；

❻ 烧鼎润油，下入香菇丁、鸡胸肉丁、虾粒、竹笋丁、胡萝卜丁、西芹丁，调入适量鱼露、味精、胡椒粉、香麻油、少量上汤，翻炒均匀加入生粉水勾芡成馅料待用；

❼ 蛋皮平铺，舀入1匙馅料于中间，四周包起并用芹菜丝包扎紧实，呈石榴状；

❽ 放入炊笼中炊制5分钟；

❾ 烧鼎下入上汤，调入适量精盐、味精，加入生粉水勾芡，再加入包尾油，调成玻璃芡；

❿ 取出石榴球，淋上玻璃芡，逐个点缀上即食蟹子即成。

菜肴知识

富贵石榴球是一道传统的经典潮州菜，其造型酷似石榴，突出潮州菜手工菜技术精湛的特点。

菜肴特点｜造型美观，形似石榴

菜肴特点｜外嫩里香，咸香鲜甜

黄金佃鱼角

主　　料｜佃鱼（豆腐鱼）750克、鲜虾肉150克

辅　　料｜荸荠肉30克、姜20克、葱20克、芫荽20克、鸡蛋3个、黄色面包糠200克、威化纸12张

调　　料｜精盐3克、味精3克、胡椒粉1克、香麻油2克、花生油1 000克(耗50克)、橘油10克

制作流程◎切制原料→调制馅料→包制→裹制→炸制→成菜

制 作 步 骤

❶将佃鱼去除鱼头、鱼鳍、鱼骨，取鱼肉切成丝待用；

❷将鲜虾肉、荸荠肉、姜、葱均切成丝，荸荠肉挤干水分，芫荽洗净切成小段待用；

❸取1个盆，下入佃鱼丝、鲜虾丝、荸荠丝、葱丝、姜丝、鸡蛋清，调入精盐、味精、胡椒粉、香麻油，搅拌均匀成馅料待用；

❹将威化纸平铺，在中间处放上馅料呈三角形状，再从底部包起后将两边的威化纸合拢，呈三角状；

❺碗中打入2个鸡蛋并打散，将佃鱼角依次先裹上1层鸡蛋液后裹上一层黄色面包糠待用；

❻烧鼎下油，油温120℃下入佃鱼角，用文火慢炸至浮起熟透捞出，再转猛火烧至油温180℃，下入佃鱼角复炸至表皮酥脆捞出；

❼将佃鱼角摆入盘中，配以橘油1碟即可。

菜 肴 知 识

首次炸制时需用文火炸至馅料熟透，待佃鱼角均浮起时即熟透。

炊莲花鸡

主　　料｜鸡腿肉400克、面粉300克

辅　　料｜湿香菇50克、洋葱150克、笋尖100克、姜10克、开水100克

调　　料｜精盐3克、味精2克、香麻油2克、绍酒10克、生粉水20克、胡椒粉0.5
克、生抽8克、番茄酱80克、白糖15克、白醋10克、猪油50克、花生油
1 000（耗100克）、上汤300克

制作流程◎切制原料→腌制→炆制→制作"莲花皮"→放入馅料→炊制→成菜

❶将鸡腿肉洗净沥干水分，片成薄片并剞上花刀，切成3厘米×4厘米的方块状待用；

❷鸡肉片盛入碗中，调入适量精盐、味精、胡椒粉、香麻油、绍酒腌制10分钟；

❸鸡肉片挤干水分，加入少许生粉水抓拌均匀待用；

❹洋葱、笋尖、湿香菇均洗净切成块状（或菱形状），姜切成姜米待用；

❺烧鼎下油，油温120℃下入鸡肉溜炸片刻捞出，再下入笋尖炸制片刻倒出；

❻烧鼎润猪油，下入洋葱、香菇块爆香后，加入鸡肉片、笋尖，并调入适量上汤、生抽、精盐、白糖、番茄酱，中火炆制10分钟，再加入生粉水、白醋勾芡待用；

❼面粉加入开水，揉搓成面团，并醒发半小时；

❽将面团搓成长条后分为四块，一块压成直径25厘米的圆饼，其余三块压成直径18厘米的圆饼；

❾将两块较小的圆饼一面抹上花生油，下入鼎中煎至略上色倒出；

❿取1个碗，放入较大圆饼，并以碗底中心为圆心，向碗边均等划七刀，使圆饼分成均等的八个扇形；

菜肴特点｜造型美观，形似莲花，鸡肉嫩滑

⓫将煎好的两个圆饼切成均等的八个扇形，铺于碗底中，与其他八个扇形交叉；

⓬碗中下入炒制完成的鸡肉馅料，盖上圆饼并锁边；

⓭放入炊笼中炊制20分钟，取1个大于碗口的圆盘，将莲花鸡翻盖，上菜时掀开"莲花边"即成。

莲花鸡因造型酷似莲花而得名，菜肴口味偏于酸甜味。

寸金白菜

主　　料｜大白菜600克、对虾200克、猪瘦肉150克

辅　　料｜荸荠肉20克、湿香菇60克、火腿肉10克、鸡蛋清35克、白膘肉30克、大地鱼干15克

调　　料｜精盐2克、鱼露8克、味精3克、胡椒粉0.5克、香麻油2克、生粉水20克、上汤500克、花生油25克

制作流程◎调制馅料→煮制白菜叶→切制原料→包制成型→煎制→炆制→装盘→炊制→调芡→淋芡→成菜

制 作 步 骤

❶将对虾去除头壳，取虾肉并在背部用刀片开去除虾肠并清洗干净后吸干水分，放于砧板上用刀拍扁后剁成虾蓉，猪瘦肉同样剁成蓉，一并盛入碗中，调入适量精盐、味精、胡椒粉、香麻油、鸡蛋清，搅拌均匀并摔打至起胶成馅料待用；

❷将大白菜取软叶，烧鼎下水，水开放入白菜叶焯熟，漂过清水后挤干水分待用；

❸将荸荠肉、湿香菇、白膘肉、火腿肉均切成末；

❹馅料加入荸荠末、香菇末、大地鱼干、白膘肉末，搅拌均匀；

❺将白菜叶拨开在砧板上，逐叶放上馅料包成5厘米×2厘米的"寸金状"，在封口上蘸上适量鸡蛋清；

❻烧鼎润油，下入寸金白菜煎至表面定型上色；

❼加入上汤、湿香菇，调入适量鱼露、味精、胡椒粉，炆制3分钟；再摆入盘中，炊制8分钟；

❽取出倒出原汁，烧鼎加入原汁，调入适量香麻油，并调校味道，加入生粉水勾芡，再加入包尾油，淋于菜肴上即成。

菜 肴 知 识

1. 寸条白菜长约3厘米，玉枕白菜长约8厘米；
2. 潮汕本地白菜嫩叶大，焯水时放入食用碱可以保持白菜青绿的色泽。

菜肴特点｜翠绿嫩滑，鲜香美味

韩江白菜包

主　　料｜大白菜800克
辅　　料｜虾肉200克、竹笋肉200克、鸡胸肉150克、湿香菇50克、芹菜茎30克
调　　料｜精盐5克、味精4克、胡椒粉1克、香麻油2克、上汤150克、生粉水30克、
　　　　　花生油50克

制作流程◎白菜焯水→切制原料→制作馅料→包制→装盘→炊制→调芡→淋芡→成菜

制作步骤

❶ 将大白菜取叶洗净沥干水分待用；

❷ 烧鼎下水，水开下入白菜焯水至软，捞出漂冷水待用；

❸ 虾肉从背部划一刀去除虾肠，并切成丁状，竹笋肉、湿香菇、鸡胸肉均切成丁状；

❹ 烧鼎下水，水开下入竹笋丁煮制2分钟，加入鸡肉丁、虾仁丁，焯水10秒倒出；

❺ 烧鼎润油，下入虾仁丁、竹笋丁、香菇丁、鸡胸肉丁翻炒片刻，调入适量精盐、味精、胡椒粉、香麻油、上汤翻炒均匀，加入

生粉水勾芡，盛入盘中晾凉成馅料待用；

❻ 烧鼎下水，水开下入芹菜茎后立马捞出，漂冷水后撕成细丝待用；

❼ 将白菜叶平铺于盘中，舀入一匙馅料于中间，四周包起后用芹菜丝包扎紧实成圆包状，剪去多余的白菜叶，光滑面朝上，放入炊笼中炊制10分钟，取出倒出原汤；

❽ 烧鼎下入上汤、原汤，调入适量精盐、味精，加入生粉水勾芡，再加入包尾油，混合均匀成玻璃芡，淋于菜肴上即成。

菜肴知识

此菜肴为"寸金白菜""绣球白菜"创新而来，通过造型上的创新，白菜演绎出了不同的手工菜，展现潮州菜粗料细做的特点。

菜肴特点｜鲜甜爽脆，口味丰富

菜肴特点 | 汤鲜味美，鱼肉嫩滑

原盅鱼腩包

主　　料 | 深海鱼腩300克

辅　　料 | 咸菜叶300克、湿香菇50克、火腿肉20克、五花肉200克、姜30克、葱30克、芹菜茎50克

调　　料 | 精盐5克、味精2克、胡椒粉1克、香麻油2克、绍酒20克、上汤1 000克

制作流程◎腌制→切制原料→包制→盛入炖盅→炖制→成菜

❶将深海鱼腩洗净切成小条并吸干水分，盛入碗中，调入适量精盐、味精、胡椒粉、姜、葱、绍酒腌制10分钟；

❷烧鼎下水，水开下入一半芹菜茎焯水至软，捞出漂冷水并撕成丝待用；

❸咸菜叶洗净，另一半芹菜茎切成段，湿香菇去蒂切成丝，火腿肉切成丝，五花肉少量切成丝，其余部分切成厚片待用；

❹咸菜叶平铺于盘中，放入鱼腩条、香菇丝、五花肉丝、火腿肉丝、芹菜段，并包制紧实，用芹菜丝捆绑扎紧；

❺炖盅下入鱼腩包、上汤、五花肉片，调入适量精盐、味精，放入炊笼中炖制1小时；

❻取出撇去多余油脂，夹掉五花肉片，撒上香麻油和胡椒粉即成。

此菜肴为创新潮州菜，将咸菜的酸爽与鱼的鲜完美结合，再利用五花肉赋予其肉脂香味。

第二十章　挤

挤，指蓉胶类的食物原料经过加工，放于手中并用拇指与食指塑形后施加压力，使蓉胶从虎口处滑出且成形的烹饪手法。

潮州菜中，丸类乃一大特色，潮州有许多著名的丸类，如牛肉丸、牛筋丸、猪肉丸、鱼丸等。牛肉丸起源于客家菜（东江菜），客家人将牛肉剁成肉末再挤成丸子煮熟进行食用。潮州人将其引进潮州地区并进行改良，发现牛肉经过捶打成泥后再挤成丸子煮熟，口感更加爽脆弹牙，风味更佳。于是在此基础上，潮州人将此蓉胶技艺推广，并逐渐形成潮州菜的特色，演绎至今。如今潮州牛肉丸闻名国内外，广受食客们的喜爱，由此也可以看出蓉胶丸类的口感风味之佳。

挤，多数运用于丸子类，少数运用于其他造型菜肴，如"潮州虾枣""酿锦鲤虾"等，同时，挤制的烹饪技艺多数离不开蓉胶食材。

蓉胶，指动物肉经过捶打成泥状再下入调料，捶打至起胶的食材。要注意的是，想更好起胶，同时使得风味更佳，需下入精盐起辅助作用，以增加肉质的黏稠度，更有利于胶质的形成，制作的成品才够弹牙爽脆。

挤制时要注意以下要点：

1. 粘手或粘食材可抹清水，因蓉胶类食材遇水则软，水能使蓉胶与其他物质形成一层隔断物；

2. 成品要求大小均等、造型美观，挤制时定形定量，同道菜肴中的个体重量相差不超过 3 克。

牛肉丸汤

主　　料｜牛肉（后腿肉）750克

辅　　料｜生菜200克、蒜末20克、芹菜茎15克、食用冰100克

调　　料｜精盐6克、鱼露8克、味精4克、特级生粉50克、胡椒粉0.5克、香麻油2
　　　　　克、生粉水50克、猪油50克、上汤1 000克、辣椒酱10克

制作流程◎制作蒜头膯→处理蔬菜→捶打牛肉浆→挤制牛肉丸→煮制→调味→盛碗→成菜

制 作 步 骤

❶烧鼎下入猪油，加入蒜末炸至金黄色倒出成蒜头膯；

❷芹菜茎洗净切成末，特级生粉加入清水拌匀待用，生菜取叶洗净待用；

❸牛肉切去筋膜，放于锤墩上，使用两个实心铁锤捶打牛肉，打至接近成肉浆时加入生粉水、精盐、味精，继续捶打直至牛肉成泥浆状；

❹取1个大盆，盛入少量冰碎（食用冰），调入适量精盐、味精、特级生粉、蒜头膯，将牛肉浆盛入大盆中，用力搅拌并摔打调料与牛肉浆混合均匀；

❺烧锅下水，水温煮至80℃（蟹目水），单手抓起牛肉浆，用拇指与食指形成圆形，从虎口处挤出大小均等的丸，用汤匙舀出放入水中低温煮制；

❻煮至肉丸浮起（约20分钟），捞出丸子待用；

❼烧锅下入上汤、牛肉丸，煮至沸腾，碗中调入适量鱼露、味精、胡椒粉、芹菜末、香麻油（俗称打碗脚），加入生菜，牛肉丸汤煮沸即刻盛入碗中，淋入蒜头膯；

❽配以辣椒酱1碟即成。

菜 肴 知 识

1. 牛肉丸手打口感更加弹脆，甚至可当乒乓球打；
2. 冰水以降低手掌温度对肉浆的影响；
3. 煮制丸子时，水温不宜过高，保持不沸腾状态，防止肉丸被冲散。

菜肴特点｜圆润光滑，爽脆弹牙

菜肴特点｜圆润光滑，爽脆弹牙

紫菜鱼丸汤

主　　料｜那哥鱼肉750克

辅　　料｜紫菜30克、鸡蛋清50克、芹菜茎20克

调　　料｜精盐6克、鱼露6克、味精4克、胡椒粉1克、香麻油2克、蒜头朥15克、上汤1 000克、辣椒酱10克

制作流程◎鱼肉起蓉→制作鱼胶→挤制鱼丸→煮制→调味→盛碗→成菜

制作步骤

❶芹菜茎洗净切成末，紫菜用文火烤制片刻待用；

❷将那哥鱼肉洗净吸干水分，逆向用刀刮出鱼肉，去除鱼刺、鱼皮，用刀背剁成蓉状；

❸将鱼蓉盛入盆中，调入适量精盐、味精、鸡蛋清，摔打至起胶；

❹鼎中烧水，水开后（蟹目水）关至文火，勿把火关掉；

❺单手抓起鱼肉浆，用拇指与食指形成圆形，从虎口处挤出大小均等的丸，用汤匙舀出放入清水中低温煮至浮起，捞出鱼丸待用；

❻烧锅下入上汤，加入鱼丸煮开；

❼碗中加入紫菜，调入适量鱼露、味精、香麻油、蒜头朥；

❽将鱼丸汤盛入汤碗中，撒上芹菜末和胡椒粉，配以辣椒酱1碟即成。

菜肴知识

1. 注意打制时鱼肉要足够细腻；
2. 要打到完全起胶，使得鱼丸有弹性。

清汤墨鱼丸

主　　料｜墨鱼肉500克

辅　　料｜生菜100克、鸡蛋清50克、白膘肉20克、芹菜50克、食用冰100克

调　　料｜精盐6克、味精4克、胡椒粉1克、香麻油2克、鱼露8克、生粉水50克、
　　　　　蒜头朥15克、上汤1 000克、辣椒酱10克

制作流程◎制作墨鱼泥→制作墨鱼胶→挤制墨鱼丸→煮制→调味→盛碗→成菜

制 作 步 骤

❶白膘肉切成末，生菜取叶洗净、芹菜取茎洗净切成末待用；

❷将墨鱼肉去膜洗净吸干水分并切成小块，放入搅拌机中加入少量冰块（食用冰），搅拌成泥状；

❸墨鱼泥盛入大盆中，调入适量精盐、味精、生粉水、鸡蛋清，摔打至起胶；

❹鼎中烧水，水开后（蟹目水）调至文火，勿把火关掉；

❺单手抓起墨鱼胶，用拇指与食指形成圆形，从虎口处挤出大小均等的丸，用汤匙舀出放入清水中低温煮至浮起，捞出墨鱼丸待用；

❻烧锅下入上汤，加入墨鱼丸煮开；

❼碗中调入适量鱼露、味精、香麻油、蒜头朥，加入生菜后即刻盛入碗中，撒上芹菜末和胡椒粉，配以辣椒酱1碟即成。

菜 肴 知 识

墨鱼为较容易起胶性的一类食材，挑选墨鱼时以个大肉厚者为佳。

菜肴特点｜白嫩咸鲜，爽脆弹牙

麻叶鹅肉丸汤

主　　料｜鹅胸肉500克

辅　　料｜麻叶200克、蒜末20克、食用冰100克

调　　料｜精盐6克、味精4克、鱼露6克、生粉水50克、胡椒粉1克、香麻油6克、猪油50克、沙茶酱10克、上汤1 000克

制作流程◎制作蒜头朥→打制鹅肉浆→挤制鹅肉丸→煮制→调味→盛碗→成菜

制 作 步 骤

❶烧鼎下入猪油，加入蒜末炸至金黄色倒出成蒜头朥待用；

❷鹅胸肉放于锤墩上，使用两个实心铁锤捶打鹅肉，直至鹅肉成泥浆状；

❸取1个大盆，下入鹅肉浆、冰碎（食用冰），调入适量精盐、味精、生粉水，用力搅拌并摔打至起胶待用；

❹烧锅下水，水温煮至80℃（蟹目水），单手抓起鹅肉浆，用拇指与食指形成圆形，从虎口处挤出大小均等的丸，用汤匙

舀出放入水中低温煮制；

❺煮至肉丸浮起（约10分钟），捞出丸子待用；

❻麻叶取嫩叶，洗净待用；

❼烧锅下入上汤、鹅肉丸，煮至沸腾，调入适量鱼露、味精、胡椒粉、香麻油，并调校味道，再加入麻叶，即刻盛入碗中，淋入蒜头朥；

❽配以沙茶酱1碟即成。

菜 肴 知 识

麻叶是潮汕盛产的一类蔬菜，有较强的季节性，过了当季只能购买制干的麻叶。

菜肴特点｜圆润光滑，爽脆弹牙，鹅肉味突出

苦刺心猪肉丸

主　　料｜猪肉（后腿肉）500克

辅　　料｜苦刺心200克、蒜末20克、食用冰100克

调　　料｜精盐6克、鱼露6克、味精4克、生粉水50克、胡椒粉1克、香麻油2克、
　　　　　猪油50克、沙茶酱10克、上汤1 000克

制作流程◎制作蒜头膡→打制猪肉浆→挤制猪肉丸→煮制→调味→盛碗→成菜

制 作 步 骤

❶烧鼎下入猪油，加入蒜末炸至金黄色倒出成蒜头膡待用；

❷苦刺心洗净，一半切成末并挤干水分待用；

❸猪肉切去筋膜，放于锤墩上，使用两个实心铁锤捶打猪肉，直至猪肉成泥浆状；

❹取1个大盆，盛入冰碎（食用冰）、苦刺心，调入适量精盐、味精、生粉水，将猪肉浆盛入盆中，用力搅拌并摔打至起胶、再加入苦刺心与猪肉浆混合均匀；

❺烧锅下水，水温煮至80℃（蟹目水），

单手抓起猪肉浆，用拇指与食指形成圆形，从虎口处挤出大小均等的丸，用汤匙舀出放入清水中低温煮制；

❻煮至肉丸浮起（约10分钟），捞出丸子待用；

❼烧锅下入上汤、苦刺心猪肉丸，煮至沸腾，调入适量鱼露、味精、胡椒粉、香麻油，并调校味道，再加入苦刺心叶，即刻盛入碗中，淋入蒜头膡；

❽配以沙茶酱1碟即成。

菜 肴 知 识

苦刺心学名白簕，味略苦，但具有较好的清热解毒功效，用苦刺心制作猪肉丸，咸香微苦，爽脆回甘。

菜肴特点｜圆润光滑，爽脆弹牙，猪肉味突出

麻叶猪肉丸汤

主　　料｜猪肉（后腿肉）500克

辅　　料｜蒜末20克、白膘肉50克、麻叶100克、芹菜茎15克、食用冰100克

调　　料｜精盐6克、鱼露6克、味精4克、生粉水50克、胡椒粉1克、香麻油2克、
　　　　　猪油50克、上汤1 000克、沙茶酱10克

制作流程◎制作蒜头膥→打制猪肉浆→挤制猪肉丸→煮制→调味→盛碗→成菜

制 作 步 骤

❶烧鼎下入猪油，加入蒜末炸至金黄色倒出成蒜头膥待用；

❷将麻叶、芹菜茎洗净沥干水分，芹菜茎切成末待用；

❸猪肉切去筋膜，放于锤墩上，使用两个实心铁锤捶打猪肉，直至猪肉成泥浆状；

❹取大盆1个，盛入冰碎（食用冰）、白膘肉，调入适量精盐、味精、生粉水，将猪肉浆盛入大盆中，用力搅拌并捧打至起胶待用；

❺烧锅下水，水温煮至80℃（蟹目水），单手抓起猪肉浆，用拇指与食指形成圆形，从虎口处挤出大小均等的丸，用汤匙舀出放入清水中低温煮制；

❻煮至肉丸浮起（约10分钟），捞出丸子待用；

❼烧锅下入上汤、猪肉丸，煮至沸腾，调入适量鱼露、味精、胡椒粉、香麻油，并调校味道，加入麻叶、芹菜末，即刻盛入碗中，淋入蒜头膥，配以沙茶酱1碟即成。

菜 肴 知 识

白膘肉起润滑的作用，使肉丸食用时口感不会过于干涩。

菜肴特点｜口感丰富，猪肉味突出

香炸绣球

主　　料｜虾胶300克

辅　　料｜馒头（无味）400克、鸡蛋清35克、荸荠肉15克、白膘肉15克、韭黄15克

调　　料｜精盐5克、味精2.5克、胡椒粉0.8克、香麻油2克、花生油1 000克（耗50克）、橘油10克

制作流程◎切制配料→调制馅料→挤制→炸制→装盘→成菜

制 作 步 骤

❶先把馒头放入冰柜，冻至变硬，取出切成丁，并滤净细渣待用；

❷将荸荠肉、白膘肉、韭黄切成末并挤干水分待用，用碗盛入虾胶加入切好的末料，再调入适量味精、精盐、胡椒粉、香麻油、鸡蛋清搅匀；

❸单手抓起虾胶，用拇指与食指形成圆形，从虎口处挤出大小均等的丸，用汤匙

舀出，放在切好的馒头丁上面，逐粒用手轻力压成球状；

❹烧鼎下油，油温120℃左右，逐粒放入油中，用文火半浸炸至熟透捞出，再转猛火升高油温至180℃，炸至金黄酥脆捞出装盘；

❺配以橘油1碟即成。

🍳 菜 肴 知 识

1. 馒头要选择无味的，因为甜馒头中的糖容易焦化，炸制时容易过焦；
2. 此菜肴考验火候的掌握，注意要先用文火浸炸熟透再用猛火炸脆。

菜肴特点｜外脆里香，口感爽脆，形似绣球

竹荪虾丸汤

主　料｜干竹荪20克、对虾1000克
辅　料｜荸荠肉15克、白膘肉15克、芹菜15克、鸡蛋清35克
调　料｜鱼露8克、精盐4克、味精4克、胡椒粉0.5克、香麻油2克、上汤1000克

制作流程◎泡发竹荪→制作虾胶→切制配料→挤制→煮制→调味→盛碗→成菜

制 作 步 骤

❶将干竹荪用冷水泡发1小时并清洗干净，挤干水分切成小段，芹菜取茎洗净切成末待用；

❷将对虾去除头壳，取虾肉并在背部用刀片开去除虾肠，将虾肉清洗干净后吸干水分，放于砧板上用刀拍扁后剁成虾蓉，盛入碗中，调入精盐、味精、鸡蛋清，用筷子搅拌均匀再用手捧打至起胶待用；

❸将荸荠肉、白膘肉均切成末待用，用碗盛入虾胶并加入切好的末料，混合均匀；

❹烧锅下水，水煮至80℃（蟹目水），单手抓起虾胶，用拇指与食指形成圆形，从虎口处挤出大小均等的丸，用汤匙舀进水中；

❺文火煮制15分钟至虾丸浮起捞出；

❻烧锅下入上汤，煮开后加入竹荪转文火煮制2分钟，再加入虾丸继续煮制3分钟，调入适量鱼露、味精、香麻油，并调校味道；

❼盛入汤碗中，撒上胡椒粉与芹菜末，配以辣椒酱1碟即成。

菜 肴 知 识

野生竹荪肉质厚实，营养价值较高。

菜肴特点｜清甜爽脆

金丝虾球

主　　料｜鲜对虾1 000克

辅　　料｜荸荠肉15克、白膘肉15克、韭黄15克、红心番薯500克、鸡蛋清35克

调　　料｜精盐5克、味精2.5克、沙拉酱100克、黄芥末15克、花生油1 000克（耗50克）

制作流程◎切制红心番薯→制作虾胶→挤制→炸制→制作沙律酱→裹制→装盘→成菜

制 作 步 骤

❶将红心番薯去皮洗净切成细丝，浸泡在清水中待用；

❷将鲜对虾去除头壳，取虾肉并在背部用刀片开去除虾肠，将虾肉清洗干净后吸干水分，放于砧板上用刀拍扁后剁成虾蓉，盛入碗中，调入精盐、味精、鸡蛋清，用筷子搅拌均匀再用手摔打至起胶待用；

❸将荸荠肉、白膘肉、韭黄切成末并挤干水分，用碗盛入虾胶和切好的末料，并混合均匀；

❹烧鼎下油，油温120℃，单手抓起虾胶，用拇指与食指形成圆形，从虎口处挤出大小均等的丸，用汤匙舀进油锅中，文火炸制5分钟至虾球熟透浮起捞出；

❺烧鼎下油，油温150℃下入番薯丝，炸至酥脆捞出控干油分；

❻将沙拉酱与黄芥末搅拌均匀调制成沙律酱；

❼虾球均匀裹上调制好的沙律酱，再裹上番薯丝，摆入盘中即成。

菜 肴 知 识

沙拉酱中加入黄芥末酱起解腻的作用。

银丝绣球

主　　料｜鸡胸肉200克、猪瘦肉200克

辅　　料｜荸荠肉15克、白膘肉15克、韭黄15克、鸡蛋清35克、芋头300克

调　　料｜精盐5克、味精2.5克、胡椒粉0.8克、沙拉酱100克、黄芥末20克、特级
　　　　　生粉20克、花生油1 000克（耗50克）

制作流程◎切制芋头→制作蓉胶→挤制→炸制→制作沙律酱→裹制→装盘→成菜

制作步骤

❶将芋头去皮洗净切成细丝，浸泡清水待用；

❷将鸡胸肉与猪瘦肉放入搅拌机中，搅拌成蓉胶状；

❸将蓉胶盛入碗中，调入适量精盐、味精、胡椒粉、鸡蛋清、特级生粉，摔打至起胶；

❹将荸荠肉、白膘肉、韭黄切成末并挤干水分，用碗盛入蓉胶加入切好的末料，并混合均匀；

❺烧鼎下油，油温120℃，单手抓起蓉胶，用拇指与食指形成圆形，从虎口处挤出大小均等的丸，用汤匙舀进油锅中，文火炸制10分钟至丸子熟透浮起捞出；

❻烧鼎下油，油温150℃下入芋头丝，炸至酥脆捞出控干油分；

❼将沙拉酱与黄芥末搅拌均匀调制成沙律酱；

❽丸子均匀裹上调制好的沙律酱，再裹上芋头丝，摆入盘中即成。

菜肴知识

鸡胸肉较绵柴，下入白膘肉可增加润滑度。

菜肴特点｜外脆里香，口感丰富

附录1　常见潮州菜酱碟表

菜品名称	酱碟	备注
白灼响螺 明炉烧响螺	芥末酱油	芥末酱 + 生抽
清蒸肉蟹 / 膏蟹 潮州冻红蟹饭	姜米醋	陈醋 + 姜米
潮州卤水系列 白卤猪头肉	蒜泥醋	蒜泥 + 白醋 + 精盐
潮州鱼生 潮州虾生	鱼生酱	豆酱 + 香麻油 + 南姜麸（末）
美味熏香鸡 茶香熏乳鸽	川椒油	猪油 + 葱末 + 川椒末 + 精盐 + 味精
生菜龙虾 大九节虾饭	八味酱（沙律酱）	蛋黄 + 花生油 + 白醋 + 白糖 + 芥末酱 + 番茄酱 + 精盐 + 味精
潮州蚝烙 / 佃鱼烙 潮州蚝爽	胡椒鱼露或沙茶鱼露	胡椒粉 + 鱼露或沙茶酱 + 鱼露
白灼虾 白灼虾蛄	虾料	葱花 + 姜米 + 红辣椒末 + 生抽 + 猪油
生腌龙虾 / 咸膏蟹 生腌大蚝	辣椒醋	辣椒酱 + 白醋
南姜鸡 猪头粽	南姜醋	南姜麸（末）+ 白醋
红炆鱼翅 红炆明皮	陈醋	搭配芫荽
炒乳鸽松 炒桂花翅	陈醋	搭配春饼皮、生菜叶
潮式烤鳗鱼 糯米猪肠	甜酱油	

（续表）

菜品名称	酱碟	备注
干焗虾枣 / 蟹枣	橘油	
干炸粿肉		
明炉竹筒鱼		
潮州肉冻 / 鱼冻	鱼露	
凉冻金钟鸡		
白灼花螺	三渗酱	
盐焗花螺		
潮州冻鱼饭	普宁豆酱	
潮州白切鸡		
潮州牛肉丸 / 猪肉丸	辣椒酱或沙茶酱	
潮州鱼饺 / 鱼册		
潮式烤乳鸽	椒盐粉	
生炸鹧鸪		

注：附录中为常见的潮州菜酱碟，并非均为书中菜品酱碟。

附录2　部分名词注释

鼎： 也称炒鼎、炒锅，以金属（多为生铁、熟铁或铝）为材质制作而成的半圆弧形状的烹饪工具，常用于炒制菜肴。

锅仔： 也称鼎仔、小锅，是小型的炒鼎，直径约为25厘米，放置于小型火炉上加热，以保持菜肴温度。

烧鼎下油： 先将鼎烧热后再下入食用油，油量约为鼎深度的2/3，常用于炸制食材。

烧鼎润油： 先将鼎烧热后再下入食用油，并使食用油润滑鼎内部，再将食用油倒出后重新下入冷食用油，使得食材与鼎间形成一层油层，有利于食物不粘锅。

豆酱姜： 指将生姜切成薄片后晒干，再下入普宁豆酱腌制而成的食材。

白膘肉： 指猪皮下脂肪部位，其口感爽滑脆嫩。

佃鱼： 也称龙头鱼、豆腐鱼、九肚鱼，其体形较小，身体柔骨软，鳞细，口宽阔，齿多，无小毛刺，肉质洁白、饱含水分，口感细嫩柔软。

大地鱼干： 也称方鱼干、比目鱼干，其只有一条背鳍，从头部几乎延伸到尾鳍，体甚侧扁，呈长椭圆形。

鸡脆骨： 也称掌中宝，指鸡脚突出部位，其口感爽脆。

明皮： 指靠近鱼鳍部位的鲨鱼皮，带有部分鱼翅，口感爽脆。

浓汤： 选用禽畜类（如鸡骨、鸡爪、猪骨）等食材（部分食材需要先经过油炸），使用猛火经过长时间熬制所形成的浓白色汤汁。

上汤： 选用禽畜类（如鸡骨、鸡爪、猪骨）等食材，使用中小火长时间熬制所形成的较清澈汤汁。

二汤： 选用禽畜类（如鸡骨、鸡爪、猪骨）等食材，使用中小火长时间熬制成上汤后，再将滤净的肉料加入清水进行第二次熬制所形成的汤汁。

后　记

当前，潮州菜正处于蓬勃发展时期，全国乃至全世界的潮州菜菜馆林立，潮州市更是成为全国第六个获"世界美食之都"称号的美食城市，潮州菜迎来最好的发展时机。作为广东省省级非物质文化遗产项目潮州菜烹饪技艺的代表性传承人，我有责任、有义务为潮州菜的发展贡献力量。经调研发现，目前图书市场上潮州菜菜谱品种仍不够丰富，许多优秀的菜谱已经不再印刷销售，流通的菜谱并不能够满足广大潮州菜爱好者的阅读需求。我不忍看到一些潮州菜面临失传危机，为此便尽我所能，将200道潮州菜汇成一本书，让读者方便、直观地阅读到菜肴的用料、制作流程、制作步骤、菜肴特点，以及菜肴知识，较为全面地讲解了每一道潮州菜菜肴的制作技艺，让读者能更好地了解潮州菜烹饪技艺。

我自知文笔有限，但依然尝试写下从厨40余年所积累下来的菜肴的相关内容。从刚开始确立章节、收集菜肴，到后来撰写每一道菜的内容，后面又经过了数十次的修改，最终才完成了书稿的撰写，其中也请教了许多同行，他们给予了我很大的帮助与指导。

希望我拙劣的文笔写出的书籍，能为潮州菜增添一份有价值的参考书目，为潮州菜弘扬与发展作出贡献。本书内容仅代表个人拙见，不妥之处请见谅。若发现有错误，欢迎各位同行及潮州菜爱好者批评指正。

致　谢

　　本书的出版过程受到许多行业人士及单位的帮助（具体如下），在此，对所有给予帮助的人士表示衷心的感谢。

序言撰写： 陈蔚辉、黄俊生、肖佳哲

文字内容指导： 蔡汉权、方瑞干、黄霖、陈育楷、吴涛、林晓仪、李淑娴

字帖图画赠送： 许永强、卢银华、余立富、李德元、陈小雄、邹潮平

刘氏兄弟支持： 刘宗楷、刘宗民、刘宗伟

刘氏师门全体弟子支持： 林燕凤、陈树辉、卢银华、彭文枝、张桂彬、叶伟群、张锐荣、王宇煌、文剑宇、陈泽勇、林业桐、刘旭东

协会支持： 广东烹饪协会潮菜专业委员会、潮州市餐饮协会、潮州市烹调协会、潮州市厨师协会、潮州市潮州菜文化研究会、汕头市潮人潮菜研究院

单位支持： 潮味天下（汕头）供应链管理有限公司、广东派陶科技有限公司、广东金强艺陶瓷实业有限公司、广东八记工夫食品有限公司、潮州市合虎四季食品有限公司、潮州宾馆有限公司、潮州市老华食坊、韩山师范学院、揭阳市特殊教育学校、潮州市技师学院、潮州市职业技术学校、潮州市饶平县技工学校、揭阳市技师学院